卡耐基写给年轻人的
成功密码

张卉妍 编译

浙江工商大学出版社 杭州
ZHEJIANG GONGSHANG UNIVERSITY PRESS

图书在版编目（CIP）数据

卡耐基写给年轻人的成功密码 / 张卉妍编译 . — 杭
州 : 浙江工商大学出版社 , 2024.4
ISBN 978-7-5178-5420-3

Ⅰ . ①卡… Ⅱ . ①张… Ⅲ . ①成功心理－青年读物
Ⅳ . ① B848.4-49

中国国家版本馆 CIP 数据核字（2023）第 068098 号

卡耐基写给年轻人的成功密码
KANAIJI XIE GEI NIANQINGREN DE CHENGGONG MIMA
张卉妍 编译

策划编辑	李相玲
责任编辑	张晶晶
责任校对	李远东
封面设计	吕丽梅
责任印制	包建辉
出版发行	浙江工商大学出版社
	（杭州市教工路 198 号　邮政编码 310012）
	（E-mail: zjgsupress@163.com）
	（网址 : http://www.zjgsupress.com）
	电话 : 0571-88904980，88831806（传真）
排　　版	北京东方视点数据技术有限公司
印　　刷	唐山富达印务有限公司
开　　本	710mm×1000mm　1/16
印　　张	18
字　　数	232 千
版 印 次	2024 年 4 月第 1 版　2024 年 4 月第 1 次印刷
书　　号	ISBN 978-7-5178-5420-3
定　　价	78.00 元

前　言

　　从 1912 年起，戴尔·卡耐基开始了为之奋斗一生的成人教育事业。他运用心理学和社会学知识，对人类共同的心理特点和人性进行了深刻的探索和分析，开创并发展出一套融演讲术、推销术、为人处世术、智力开发术为一体的独特的成人教育方式，并卓有成效。其著作的译本几乎涵盖所有语系的文字。而他开创的"人际关系训练班"，包括美国卡耐基成人教育机构、国际卡耐基成人教育机构，以及遍布世界五十多个国家的分支机构，更是多达两千余所。他以超人的智慧、严谨的思维，在道德、精神和行为准则上指导万千读者，给人们以安慰和鼓舞，使他们从中汲取力量，从而改变自己的生活，开创崭新的人生。卡耐基教育机构造就了千千万万的毕业生，其所开创的成功学教育培训帮助无数人实现了自己的梦想，影响了几代人。他也由此奠定了第一代成功学大师的地位，被誉为"20 世纪最伟大的人生导师"，畅销全球的美国《时代》周刊给予他极高的评价——或许除了自由女神，他就是美国的象征。

　　卡耐基留给后人最丰厚的精神遗产就是他的成功学理论，他在实践基础上写出的成功学著作是 20 世纪最畅销的成功励志经典。它们共同构成了卡耐基为人处世、通向成功之路的成功学体系，与他的培训班相辅相成，改变了传统的成人教育方式，影响了千百万人的生活。

　　本书收录了卡耐基最主要的作品，汇集了卡耐基励志作品的精华，是卡耐基伟大思想的精髓所在。成功不是一个偶然，成功的品质早已写好，就看我们是否拥有那些成功必备的素质。卡耐基以其独到的见解分析人性，分析生活。在书中，他教会我们如何轻松地掌握一些为人处世的绝妙法则，从而使我们在事业上、生活中事事顺心，少些烦恼，少些忧愁。

这将是一部年轻人不可多得的人生指南，是能改变无数人命运的励志枕边书。书中那些真实的案例以及成功者的人生经验更能给予读者智慧的启迪。技巧谁都可以掌握，但是经历却人人不同，如果你愿意花时间阅读书中的每一个例子，相信你会得到更多宝贵的东西。本书将帮助读者在职场工作、商务活动与社会交往中学会与人打交道，并有效地影响他人、获取他人的尊重和支持，掌握击败忧虑和自卑这两大人类成功之敌的要领，以创造幸福美好的人生。

CONTENTS 目录

目 录 C O N T E N T S

目 录　C O N T E N T S

第一章

目标至上，人生比盖楼更需要规划

先有梦想，后有成功

在很多课堂上，有不同的学员问我梦想和成功的关系，我根据对很多成功人士的观察，得出一个重要的结论：一般而言，是先有梦想，后有成功。

设定明确的目标，是所有伟大成功的出发点。有 98% 的人之所以失败，就是因为他们都没有明确的目标，即使花费了九牛二虎之力，最后还是哪里都到不了。

要攀到人生山峰的更高点，当然必须要有实际行动，但是首要的是找到自己的方向和目的地。如果没有明确的目标，更高处只是空中楼阁，望不见更不可即。如果我们想要使生活有突破，到达很新且很有价值的目的地，首先一定要确定这些目的地是什么。

1952 年的《生活》杂志曾登载了约翰·戈德的故事。

戈德 15 岁时，偶然听到年迈的祖母非常感慨地说："如果我年轻时能多尝试一些事情就好了。"

戈德受到很大震动，决心自己绝不能到老了还有像老祖母一样无法挽回的遗憾。于是，他立刻坐下来，详细地列出了自己这一生要做的事情，并称之为"约翰·戈德的梦想清单"。

他总共写下了127项详细明确的目标。里面包括10条想要探险的河、17座要征服的高山。他甚至要走遍世界上每一个国家，还想要学开飞机、学骑马。

他要读完《圣经》，读完柏拉图、亚里士多德、狄更斯、莎士比亚等十多位大学问家的经典著作。

他的梦想还包括要乘坐潜艇、弹钢琴、读完《大英百科全书》等。当然，还有重要的一项，他要结婚生子。

戈德每天都要看几次这份"梦想清单"，他把整份单子牢牢记在心里，并且倒背如流。

戈德的这些目标，即使在半个多世纪后的今天来看，仍然是壮丽且不可企及的。但他究竟完成得怎么样呢？

在戈德去世的时候，他已实现了127项目标中的103项。他以一生设定并且完成的目标，述说他人生的精彩和成就，并且照亮了这个世界。

梦想是对于完成所期望成就的事业的真正决心。梦想比幻想好得多，因为它可以实现。人一旦有梦想有目标，自然就会为了实现它而启用更大的心力，人生的光辉由此粲然可观。

我不断在课堂上讲述惠特尼的故事，因为他的传奇显示了梦想的伟大：

在1910年，来自马萨诸塞州乡下的惠特尼和朋友合租在纽约的一家廉价寄宿公寓里。惠特尼和其他穷困的乡下孩子唯一的不同点是：他决心成为一家大公司的老板。

惠特尼在纽约找到的第一份工作，是在一家大食品连锁店当零售店员。他为了更了解业务状况，便利用午餐时间到批发部门去工作。他这样做虽然不能得到别人的感谢和额外的薪水，可是当一个更好的工作出缺时，老板就想到惠特尼而把工作留给他。

从零售店员升为业务员，然后是部门主管、地区经理。随着岁月的消逝，惠特尼渐渐成为公司的核心骨干。后来他终于成为一家包装公司的总裁，实现了自己的梦想。

这个乡下孩子曾对室友说："有一天我要成为一家大公司的老板。"这句话并不是痴人说梦，他是在肯定自己的信念，为自己定下一个方向，借以鼓舞一生中的每一个行动。

为什么惠特尼能够获得成功？他工作努力——可是别人也一样努力。关键是，他知道他的方向。当他加班，当他换工作，当他学习业务上的新技能时——目标都朝向同一个方向。

漫无目的是不能成功者的咒语。他们茫然地找个工作，茫然地结婚……他们蹉跎岁月，彷徨地期待事情发生改变，心里却缺乏清晰的目标和理想。

正如成功学家拿破仑·希尔所言："你过去或现在的情况并不重要，你将来想获得什么成就才最重要，除非你对未来有理想，否则做不出什么事来。有了目标，内心的力量才会找到方向。"所以说，一个人之所以伟大，首先在于他有一个伟大的梦想，一个伟大的目标。

目标为成功提供精神动力

目标是一个人成功的起点，是一个人奋斗的阶梯。虽不能说一个人只要有目标就能成功，但可以肯定地说，一个没有目标的人肯定不能成功。目标的力量是惊人的，它能给积极准备的实践者指明前进的方向，提供不竭的精神动力。具体说来应该有下面几点：

第一，产生动力，增强积极性

你给自己定下目标之后，目标就在两个方面起作用：它是努力的依据，也是对你的鞭策。目标给了你一个看得见的射击靶。随着你努力实现这些目标，你就会有成就感。

你的目标必须是具体的，可以实现的，这很重要。如果计划不具体会降低你的积极性。为什么？因为目标是你向前迈进的动力，如果你无法知道自己前进了多少，你就会泄气，甩手不干了。下面这个真实的例子说明，一个人若看不到自己的进步，会有怎样的结果。

1952年7月4日清晨，加利福尼亚海岸笼罩在浓雾中。在海岸以西34千米的卡塔林纳岛上，一个34岁的女人涉水于太平洋，向加州海岸游去。

要是成功了，她就是第一个游过卡塔林纳海峡的女性，这名妇女叫费罗伦丝·查德威克。在此之前，她是从英法两边海岸游过英吉利海峡的第一位女性。

那天早晨，海水冻得她身体发麻。雾很大，她连护送她的船都几乎看不到。时间一个钟头一个钟头地过去，有几次，鲨鱼靠近了她，被人开枪吓跑。她仍然在游。在以往这类渡海游泳过程中，她的最大问题不是疲劳，而是刺骨的水温。

15个钟头之后，她又累，又冻得发麻。她知道自己不能再游了，就叫人拉她上船。她的母亲和教练在另一条船上。他们都告诉她海岸很近了，叫她不要放弃。但她朝加州海岸望去，除了浓雾什么也看不到。

几十分钟之后——从她出发算起 15 个钟头零 55 分钟之后，人们把她拉上船。又过了几个钟头，她渐渐觉得暖和了，就开始感到失败的打击，她不假思索地对记者说："说实在的，我不是为自己找借口，如果当时我看见陆地，也许我能坚持下来。"

人们拉她上船的地点，离加州岸只有 0.8 千米！后来她说，令她半途而废的不是疲劳，也不是寒冷，而是因为她在浓雾中看不到目标。

查德威克小姐一生中只有这一次没有坚持到底。两个月之后，她成功地游过同一个海峡。她不但是第一位游过卡塔林纳海峡的女性，而且比男子的纪录还快了大约两个钟头。

查德威克虽然是个游泳好手，但也需要看见目标，才能鼓足干劲，完成她有能力完成的任务。当你规划自己的目标时千万别低估了制订可测目标的重要性。

第二，弄清你的理想

对生活的环境不满是人之常情。专家经过调查发现，在这些人中有98％的人对自己心中的理想世界没有一个清楚的印象。因为没有清晰的理想，他们就没有一个人生目标来促使自己去改变现状。

拿破仑曾说："不想当元帅的士兵不是好士兵。"同样对于一个企业来说，一个心中有目标的普通职员，会成为创造历史的人；一个心中没有目标的人，只能是个平凡的职员。

第三，安排事情的轻重

凡是能接近目标的事情都应受到优先考虑，一个明确的目标有助于我们对日常工作中的事情进行取舍，弄清事情的轻重缓急。

对日常生活中的琐事，我们应该采取什么样的态度，取决于我们心中的原则，即成就目标的原则。有人说过："智慧就是懂得该忽视什么东西的艺术。"这句话正概括了这个真理。

第四，激发你的潜能

许多年前，媒体做过 300 条鲸鱼突然死亡的报道。这些鲸鱼在追逐沙丁鱼时，不知不觉被困在一个海湾里。弗里德里克·布朗·哈里斯这样说："这些小鱼把海上巨人引向死亡，鲸鱼因为追逐小利而暴死，为了微不足道的目标而空耗了自己的巨大的力量。"

没有目标的人，就像故事中的那些鲸鱼，他们有巨大的成功潜能，但他们把精力放在小事情上，而小事情使他们忘记了自己本应做什么。说得明白一些，要发挥潜力，获得事业上的成功，你必须全神贯注于自己有优势并且会有高回报的事情。目标能助你集中精力。另外，当你不停地在自己的优势方面努力时，这些优势会进一步发展。最终，在达到目标时，你自己成为什么样的人比你得到什么东西重要得多。

第五，把握未来

成功人士总是事前决断，而不是事后补救。他们提前谋划，而不是等别人的指示。他们不允许其他人操纵他们的工作进程。不做事前谋划的人其工作是不会有进展的。我们以《圣经》中的诺亚为例，他并没有等到下雨了才开始造他的方舟。

目标能帮助我们事前谋划，目标迫使我们把要完成的任务分解成可行的步骤。要想制作一幅通向成功的交通图，你就要先有目标。正如 18 世纪发明家兼政治家富兰克林在自传中说的："我总认为一个能力很一般的人，如果有个好目标，是会有大作为的。"

第六，合理安排时间和资源

一旦你确定了明确目标之后，就应开始预算你的时间和金钱，并安排每天应付出的努力，以期达到这个目标。经过时间预算之后，每一分每一秒都有进步，故时间预算必然会为你带来效益。同样地，金钱的运用应该有助于明确目标的达成，并确保你能顺利地迈向成功。

第七，把热情投入你的专业当中

明确目标鼓励你行动专业化，而专业化可使你的行动达到完美的程度。

你对于特定领域的领悟能力，以及在此一领域中的执行能力，深深影响你一生的成就。普通教育之所以重要，就在于它可使我们发现自己的基本需要和欲望，然而一旦你确定自己的需要和欲望之后，便应立即学习相关的专业知识。而明确目标就好像一块磁铁，它能把达到成功必备的专业知识吸到你这里来。

第八，形成你的果断处事态度

成功的人能迅速地做出决定，并且不会经常变更；而失败的人做决定时往往很慢，且经常变更决定的内容。记住：有98%的人从来没有为一生中的重要目标做过决定。他们就是无法自行做主，并且贯彻自己的决定。

那么，要如何克服不愿意做决定的习惯呢？

你可以先找出你所面临的最迫切的问题，并且对此问题做出决定，无论做出什么样的决定都可以，因为有决定总比没有决定要好。即使开始时做了一些错误的决定，也没有关系，日后你做出正确决定的概率会愈来愈高。

当然，如果能够事先确定你的目标，将有助于做出正确的决定，因为你可随时判断所做的决定是否有利于目标的达成。

第九，善于抓住机会

明确目标会使你对机会抱着高度的警觉性，并促使你抓住这些机会。

柏克是一位移民到美国、以写作为生的作家，他在美国创立了一家以写作短篇传记为生的公司，并雇有6人。

有一天晚上，他在歌剧院里发现，节目表印制得非常差，也太大，使用起来非常不方便，而且一点吸引力也没有。当时他就起了印制面积较小，使用方便、美观，而且文字更吸引人的节目表的念头。

于是第二天，他准备了一份自行设计的节目表样张，给剧院经理过目，说他不但愿意提供品质较佳的节目表，同时还愿意免费提供，以便取得独家印制权。而节目表中的广告收入，足以弥补这些成本，并且还能使他获利。

剧院经理同意使用他的新节目表，他们很快和所有城内的歌剧院都签了约，这项生意日后欣欣向荣，最后他们扩大营业项目，并且创办了好几份杂志，而柏克也在此时成为《妇女家庭杂志》的主编。

如果你能像发现别人的缺点一样快速地发现机会，那你就能很快成功。

成功人生需要成功规划

人是生活在梦想之中的。因为人们期冀未来比现在美好，所以才会活下去。人可以失去很多东西，但目标是无论如何不能丢的。看到这一节时，希望你能静下心来，找个地方仔细想一想，你需要的是什么样的人生，你为实现人生的目标会做什么！有这么一则故事：

主人的两头牛走丢了，就吩咐他的仆人出去找，可是等了半天也不见仆人回来，主人只得出去看个究竟。在野地里，主人看到他的仆人正在那里来回瞎跑，就问他："你到底在干什么？"仆人回答说："我刚才发现两头鹿，您知道，鹿茸非常值钱，所以不必找什么牛了。"主人说："那你找到鹿了吗？"仆人说："我去追朝东跑的那头鹿，谁知道它跑得比我快。不过请放心，我记得朝西的那头鹿脚有点瘸，所以转过来再追它，相信我会捉到它的。"

叫他找牛他去追鹿，捉东边那只时却惦记西边那只，反复无常注定这个仆人最终一事无成。一鸟在手胜过两鸟在林。不要给自己太多的事做，最重要的是把重要的一件事做好。

不论是砌砖工人、推销员还是作家，不管我们选择何种职业，不管我们遇到何种困难，都要坚定一个信念：选我所爱，爱我所选。选择你自己喜欢的目标，然后努力奋斗，这才能使你成功。成功的人生需要清晰的规划，我们应该注意到目标规划的几个原则：

1. 目标的长期性原则

我们必须掌握真正的目标，并拟订实现目标的过程，澄明思虑，凝聚继续向前的力量。拿破仑·希尔告诉我们："目标必须是长期的、特定的、具体化的、远大的。"

没有长期的目标，你可能会被短期的种种挫折击倒。理由很简单，没人能像你一样关心你自己的成功。你可能偶尔觉得有人阻碍你的道路，但实际上最阻碍你进步的人就是你自己。其他人可以使你暂时停止，但能让你一直奋进的决定权永远掌握在自己手中。

如果你没有长期的目标，暂时的阻碍可能造成无法避免的挫折。家庭问题、疾病、车祸及其他你无法控制的种种情况，都可能是重大的阻碍。从本书中你将会学到：挫折（不管多严重）是进步的踏脚石，而不会是绊脚石。

当你设定了长期目标后，开始时不要尝试克服所有的阻碍。如果所有困难一开始就被排除得一干二净，便没有人愿意尝试有意义的事情了。你今天早上离家之前，打电话到交通岗询问所有路口的交通灯是否都变绿了，交通警察可能会认为你是疯子。你应知道你是一个一个地通过红绿灯，你不仅能走到你能看到的那么远的地方，而且当你到达那里时，你经常能看得更远。所以，只有确定了长期性的目标，你才能够始终有条不紊地追寻自己的梦想。

2. 目标的单纯性原则

目标的建立必须单纯，你希望得到什么，你希望成为什么样的人，这些想法必须在你心中明确而单一。这是纯粹的力量，当一个人向着心目中唯一的目标出发时，生命就开始燃烧，激情就开始迸发，行动也就更为坚定。只有这样，一个人的目标才更容易实现。

美国前总统罗斯福的夫人在年轻时从本宁顿学院毕业后，想在电信业找一份工作，她的父亲就介绍她去拜访当时美国无线电公司的董事长萨尔洛夫将军。

萨尔洛夫将军非常热情地接待了她，随后问道："你想在这里干哪份工作呢？"

"随便。"她答道。

"我们这里没有叫'随便'的工作，"将军非常严肃地说道，"成功的道路是由目标铺成的！"

这个例子很生动地说明了目标的单纯性的重要。

目标很重要，几乎每一个人都知道，然而，一般人在人生的道路上，是朝着阻力最小的方向行事，这是"徘徊的大多数普通人"，而不是"有意义的特殊人物"。你必须是一位"有意义的特殊人物"，而不是一位"徘徊的大多数普通人"。

选一个最热的天气，从商店里买一个最大的放大镜以及一些报纸，把放大镜拿来放在报纸上，离报纸一小段距离。如果放大镜是移动的，永远也无法点燃报纸。然而，如果放大镜不动，你把焦点对准报纸，就能利用太阳的威力，纸就会燃烧起来。

不管你有多少能力、才华或能耐，如果你无法管理它，将它聚集在特定的目标上，并且一直保持在那里，那么你永远无法取得成就。那些枪法很准的猎人并不是向猎物群射击，而是每一次选定一只作为特定的目标。因此你的目标不能太笼统，而应该很清楚地确定出来。

3. 目标的可行动性原则

一个明确的目标可以使行动更有方向性，使一个人更能适应目前的境况并努力做出积极的改变。

曾有人做过一个实验：组织三组人，让他们分别沿着 10 千米以外的三个村子步行。

第一组的人不知道村庄的名字，也不知道路程有多远，只告诉他们跟着向导走就是。刚走了两三千米就有人叫苦，走了一半时有人几乎愤怒了，他们抱怨为什么要走这么远，何时才能走到？有人甚至坐在路边不愿走了，越往后走他们的情绪越低落。

第二组的人知道村庄的名字和路段，但路边没有里程碑，他们只能凭经验估计行程时间和距离。走到一半的时候大多数人就想知道他们已经走了多远，比较有经验的人说："大概走了一半的路程。"于是大家又簇拥着向前走，当走到全程的四分之三时，大家情绪低落，觉得疲惫不堪，而路程似乎还很长，当有人说："快到了！"大家又振作起来加快了步伐。

第三组的人不仅知道村子的名字、路程，而且公路上每一公里就有一块里程碑，人们边走边看里程碑，每缩短一公里大家便有一小阵的快乐。行程中他们用歌声和笑声来消除疲劳，情绪一直很高涨，所以很快就到达了目的地。

当人们的行动有明确的目标，并且把自己的行动与目标不断加以对照，清楚地知道自己的进行速度和与目标的距离时，行动的动机就会得到维持和加强，人就会自觉地克服一切困难，努力达到目标。

目标的确定必须具有行动性，目标只有和行动相结合才能发挥它的力量。所以，我们必须细心地考虑目标的可行性，我们有必要在长期目标下再订立具体可行的目标。

但是好多人都经常把目标定得很糟糕，因为人们喜欢行动（这比较具体而刺激），却不喜欢费精神去制订目标（这常是抽象的），诚如许多人所说的："定目标使人头痛。"

我们不能把目标放在真空中，制订的目标必须配合自己的需要、希望与限制，并注意什么需要留意。

短期目标应该代表你当前事业面临的主要问题，这些问题的分类依次是：重要性（解决这个问题或抓住这个机会，会使情况改观吗？）、类型（这个问题代表什么挑战？）及紧迫程度（如果不尽快处理，问题是否更糟，机会是否溜掉？）。一旦我们辨清主要问题，我们就定出优先顺序，然后集中处理最严重、最迫切的一个。

4. 目标的具体性原则

有些人的目标用很笼统的词句表达，譬如"当一名成功的律师"；有的则比较具体，如"要能有效治疗大趾跟黏液囊炎肿"。广泛的事业目标也有用，因为拥有宏观性，可以解放想象力，帮助我们探究所有可能的选择。但是，广泛的目标却不能使我们确定自己所要做的是什么，由于这个缘故，我们需要将事业目标具体化。

假如你有了一个广泛的事业目标，而你想拟个计划，定出具体的目标，下面是你应该做的。在白纸顶端写下那个广泛的目标，然后自问："我如何实现这个目标？"尽你所能地想出答案，把它们记录下来。现在，它们已够具体了，能提供你所需要的帮助了吗？假如仍不能，就针对每一点再问："我如何实现这个目标？"最后你会发觉，眼前出现的是呈金字塔形的目标网，塔尖是广泛的目标，底部则是无数具体的目标，它们直接指向有范围的行动计划。

有了这个行动计划，你的目标才可能达成。

制订目标的六个步骤

成功始于目标的设定，没有目标的人成功的机会是非常小的。目标大与小并不重要，重要的是，你一定要有一个明确的目标。

1. 确定你的"理想清单"

你必须列出这一生当中你所想要完成的每一个目标。如果我们要去超级市场购买 11 种东西，但是我们只列了五六种，很可能就有五六种忘记买，因为我们没有将其列入清单。在你的人生当中，假如你想要实现所有的目标和梦想，那第一个步骤就是把它列出来。列出来并不表示你一定做得到，可是没有列出来，你忘记的可能性是 99.99％！

2. 进行优先级处理

我们常听很多人说，他有这个梦想，他有那个梦想，他这个时间要做这个，那个时间又要做那个……他时常矛盾。矛盾的原因是他没有排好优先级，所以你必须不断地为你的目标排定优先级。

譬如你现在要房子，又要车子，又要业绩上升，又要照顾家庭，又要出国旅游……在同一段时间、在同一个月里，这样的话，时间一定无法分配。所以优先级一定要排列清楚。

3. 设定具体期限

梦想要成真，就一定要有期限。当你把期限写下来时，你就可以很清楚地了解，这个目标是太急，还是太慢，还是太多目标都要在同一段时间内实现。有些人写完梦想清单，发现他的目标都是长期的目标。当你的目标都是长期目标的时候，你必须把它分成一些短期的行动方案、行动步骤。有些人设立完目标，发现他的目标都是短期目标。这时我会建议他设立一些长期目标，让自己平衡一下，这是非常重要的。

4. 盯紧核心目标

很多人有很多目标，可是没有一个最主要的目标，所以他一下想着这个目标，一下又想着那个目标，反而不容易实现。

成功学有一个定律谈到"你只要重复不断地思考某件事情，并且有自信心，它就可以变成真的"。假如没有一个核心目标让你每一分每一秒都在思考，你实现目标的概率是比较小的，因为你重复的次数不够多。

5. 经常温习你的目标

我们都有过这种感觉，有的目标长时间不回头去看看就会变得模糊，甚至忘记。要经常不断地重复你的目标，对核心目标，更得把它深刻地嵌在头脑中，使得你在遇到困难时，或者与别人闹别扭时，或者睡觉做梦时都想到它。利用这种潜意识的力量，你的成功会变得自然并且轻而易举。

6. 了解谁能帮你达到目标

记得以前有一个研究成功学超过 50 年的人，他讲了一个成功最重要的秘诀，他说："别人要的东西你多给他一点，别人不要的你就少给他一点。"

所以当你列出谁可以帮助你的时候，第一个请你列出来他可能需要什么帮助，你先去帮助他。你给他更多他想要的，那他自然会反过来帮助你，这就驱动了所谓的互惠定律。

这里非常重要的一点就是"模仿"。找出有谁已经实现你想要实现的目标或是结果，他是怎么实现的？也许你没有办法亲自见到他，但你可以查阅有关他的资料。假如你能够见到他、清楚地问他，他给你讲 30 分钟，效果可能比你自己查资料好 10 倍以上。

目标的精彩预示生命的精彩

目标对于成功，犹如空气对于生命一样，目标是成功的生命线。对于成功来说，一个人过去或现在的情况并不重要，而未来想要获得什么成就、有什么样的追求才是最重要的。

洛克菲勒——美国著名的石油大王，在他的自传中，曾提出了一个有趣的设想：

若是将目前全世界所有的现金以及所有产业全都混合在一起，平均地分给全球的每一个人，让每个人所拥有的财富都一样多，经过半个小时之后，这些财富均等的人们，他们的经济状况就会开始有显著的改变。有的人在这时候已经丧失了分到的那一份，有的人会因为豪赌输光，有的人会因为盲目的投资而一文不名，有的人则会受到欺骗而迅速破产……于是财富分配又重新开始了，有些人的钱会变少，有些人的钱又开始多了起来，这种情形会随着时间的推移而变得更加明显。3个月之后，贫富悬殊将会变得十分惊人。

洛克菲勒十分自信地说："我敢打赌，再经过两年时间，全球财富的分配情况将和以前没什么区别。有钱的仍然是之前那些有钱人，而以前贫困的人依然贫困。"

洛克菲勒把这种现象的原因归结于人们的目标不同。

他说："说这是命运也好，是机会使然或自然法则也好，总之，有些人的目标与行动，一定会使自己比其他人所受到的尊敬更多，他们所拥有的财富也将会更多。"

通常，奋斗者要想成功，最重要的因素是目标选择并付诸行动。

同为有目标的人，有人成功了，有人未成功，有人大成功，有人小成功。这与目标的"大小"有很大的关系。

大目标使人的生活在于干事业，小目标使人的生活仅是过日子。古希腊哲学大师亚里士多德很深刻地区分了这样两种人，即"吃饭是为了活着"的人和"活着就是为了吃饭"的人。

人生的精彩来自目标的精彩。一个人的人生之所以精彩，就在于他有精彩的目标。

所谓精彩的目标，就是要做大事，考虑更多的人，更多的事，在更大的范围内解决更多的问题，在更大的空间时间里产生更大的影响。

你的目标越精彩，你所要解决的问题就越大。你就得要有大本事，要有很多知识、技能，有时甚至要超越个人的得失，做出某些重大牺牲。

在这一过程中，你逐渐获得了超出常人的知识和能力，你已经变得那样胸怀宽广、大公无私，你也会取得超越常人的成就，你的人生也就变得更加绚丽多彩。

"Q世界"农产品公司的董事长霍华德·马古勒斯是美国加利福尼亚州的新一代农民。他的成就就是订立了自己精彩的人生目标并且努力完成目标的结果。

多年来，人们对农产品市场的繁荣与萧条几乎无法做任何的预估和控制，几乎所有的人都认为这本来就是靠天吃饭的行业。

而马古勒斯却从来不这样想，他给自己定下了一个精彩的目标：发展出一个新颖独特的品种，用来影响消费者的购买行为。他当然有自己充足的理由：这个行业其实和其他行业没什么区别，当市场处于低谷时，除非你有自己独特的产品，否则你就完了。农业市场也是这个道理，如果你也像大家一样生产萝卜白菜，只有市场上供小于求的时候，你才可能获利。他们的目标就是要想法调整市场，靠自己的独特性打开市场，创造更多的机会。

马古勒斯想到了改良甜椒。没错，就是改良甜椒。如果能发展出比其他的甜椒风味更为独特的品种，马古勒斯深信，不论零售市场如何，商店一定非常喜欢这种风味独特的品种。

于是，马古勒斯发展出一种"皇家红椒"。这种长形叶式的甜椒，一上市就取得了巨大的成功，人们吃过以后，就会继续购买它。

马古勒斯用目标为自己的人生抹上了精彩的一笔。目标具有神奇的推动力，促使人在现实中通过努力实现自己的目标。

约翰·查普曼说："世人历来最敬仰的是目标远大的人，其他人无法与他们相比……贝多芬的交响乐、达·芬奇的《蒙娜丽莎》、莎士比亚的戏剧，以及人们认可的任何人类精神产品……你热爱他们，是因为，这些东西不是做出来的，而是由他们创造性地发现的。"

对那些奥运金牌的获得者来说，他们的成功并不仅靠他们的运动技术，而且还靠其远大目标的推动。商界领袖也一样，政界精英亦然。伟大的目标就是推动人们前进的动力。

一位医生对活到百岁以上的老人所拥有的共同特点做过大量研究。他叫大家思考一下什么是这些百岁老人共同的特点。大多数人以为医生会列举饮食、运动、节制烟酒以及其他会影响健康的因素。然而，令听众惊讶的是，医生告诉他们，这些寿星在饮食和运动方面没有什么共同特点。他们的共同特点是对待未来的态度——他们都有人生目标。

在我看来，你决定人生追求什么之后，你就做出了人生最重大的选择。要想如愿，首先要弄清你的愿望是什么。有了理想，你就看清了自己最想取得的成就是什么。有了目标，你就会有一股顺境也好逆境也罢都勇往直前的冲劲，你的目标使你能取得超越你自己能力的东西。你必须要有精彩的目标。当你有了精彩的目标时，你才会有伟大的成就。

第二章

孕育野心，只有想赢才能赢

心中想赢才一定能赢

有学员在课堂上提问，如何才能获得成功的人生。我给出的答案是：要想获得成功的人生，就必须先有渴求成功的信念。也可以理解为，要有野心。

没有野心肯定不会有成就。如果一个人把时间都用在了闲聊和发牢骚上，就根本不会有用行动改变现实的境况。对他们来说，不是没有机会，而是缺少进取心。当别人都在为事业和前途奔波时，他只是茫然地虚度光阴，根本没有想到去跳出误区，结果只会在失落中徘徊。

有一天，尼尔去拜访多年未见的老师。老师见了尼尔很高兴，就询问他的近况。

这一问，引发了尼尔一肚子的委屈。尼尔说："我对现在做的工作一点都不喜欢，与我学的专业也不相符，整天无所事事，工资也很低，只能维持基本的生活。"

老师吃惊地问："你的工资如此低，怎么还无所事事呢？"

"我没有什么事情可做，又找不到更好的发展机会。"尼尔无可奈何地说。

"其实并没有人束缚你，你不过是被自己的思想抑制住了，明明知道自己不适合现在的位置，为什么不去学习其他的知识，找机会自己跳出去呢？"老师劝告尼尔。

尼尔沉默了一会儿说："我运气不好，什么样的好运都不会降临到我头上的。"

"你天天在梦想好运，却不知道机遇都被那些勤奋和跑在最前面的人抢走了，你永远躲在阴影里走不出来，哪里还会有什么好运？"老师严肃地说，"一个没有进取心的人，永远不会得到成功的机会。"

如果一个人安于贫困，视贫困为正常状态，不想努力挣脱贫困，那么在身体中潜伏着的力量就会失去它的效能，他的一生便永远不能脱离贫困的境地。

众所周知，与拿破仑的成就一样显赫于世的还有他的一句名言："不想当将军的士兵，不是好士兵。"这是对所谓"野心"的最好说明。古今中外，成大事者都是因为自己有一颗"想当将军"的野心而最后如愿以偿的。心理学认为，成绩有提升自我评价、增强自信心的作用，强大的野心能促使人更加积极、主动，富有智慧，所以，心中想赢的人，才能够赢。

富勒家中有7个兄弟姐妹，他从5岁开始工作，9岁时会赶骡子。他有一位了不起的母亲，她经常和儿子谈到自己的梦想："我们不应该这么穷，不要说贫穷是上帝的旨意，我们很穷，但不能怨天尤人，那是因为你爸爸从未有过改变贫穷的欲望，家中每一个人都胸无大志。"这些话深植在富勒的心里，他一心想跻身于富人之列，开始努力追求财富，12年后，富勒接手了一家被拍卖的公司，并且还陆续收购了7家公司。

他谈及成功的秘诀，还是用多年前母亲的话回答："我们很穷，但不能怨天尤人，那是因为爸爸从未有过改变贫穷的欲望，家中每一个人都胸无大志。"富勒在多次受邀演讲中说道："虽然我不能成为富人的后代，但我可以成为富人的祖先。"

有些人认为野心对人的生活和工作会产生不利影响，殊不知，缺乏争取好成绩的冲劲，会对工作产生更严重的负面作用。如果你对工作缺乏野心，将很难获得成大事的机会。

从富勒的故事中可以看出，正是这种深植内心的野心与欲望使富勒施展出全部的力量，最终如其所愿成为"富人的祖先"。所以，人要有适度的野心，这样能尽力而为，实现自我超越。

当你有足够强烈的欲望去改变自己命运的时候，所有的困难、挫折、阻挠都会为你让路，欲望有多大，就能克服多大的困难，就能战胜多大的阻挠。你完全可以挖掘生命中巨大的能量，激发成功的欲望，因为欲望有时就是力量。

那如何才能使自己拥有适度的野心呢？下面4条建议或许对你有所帮助。

（1）不要对成大事抱太大的期望，要设定可能达成的实际目标。

（2）没有强烈动机反而能完成更多事，由此可知，野心应符合自己的个性，不必强求。

（3）周围的人对自己的期望不太满意时，往往会让自己失去自信，偶尔会有更大的野心。因此，首先要检讨对自己的要求是否"合乎实际"，如果超过实际，必须立刻改进。

（4）过大的野心会影响健康。目标定得太高，被不可能实现的强烈野心侵蚀，容易患肠胃溃疡等疾病。

你的财富始于你的梦想

梦想，是欲望的理想化。对于梦想，有各种不同的看法。有人认为健全的人会面对现实，不会沉溺于梦想。也有人觉得，爱梦想的人，根本不适合在现实社会中存在。但我认为，只要懂得判断能够实现的梦想和近乎虚妄的梦想之间的差别，拥有梦想并不是一件坏事。

拥有梦想的人，无论怎样贫苦、怎样不幸，他总有自信。他蔑视命运，他相信好日子终会到来。一个伙计，会梦想住在他自己的店铺中；一个贫苦的女工，会梦想着购置一所美丽的住宅。正是这种梦想，这种希望，这种永远期待着较好的日子到来，使我们可以维持勇气，可以减轻负担，可以肃清我们前进道路上的困难、挫折。

约翰·哈佛以数百元英镑创立了哈佛大学；耶鲁大学在初创时，只有少数的书籍。这是化梦想为现实的好例子。不要阻止你的梦想、信仰，应该要鼓励你的憧憬，激发你的梦想，同时努力使之实现！你生命的方向，将全依你的梦想决定。

约翰·坦普登的高中时代是在田纳西州的曼彻斯特度过的。他经常梦想着有朝一日成为一家大公司的首脑。虽然这只是一名17岁男孩的梦，但却是其人生目标的萌芽。

进入耶鲁大学后不久，他的兴趣就从经营一般企业转移到研究评估公司财务之上。大学二年级时，他的父母由于生活拮据而无法再继续供他念书，迫使他陷入不知该休学就业还是该半工半读的窘境。

要做这个决定非常困难，但约翰有自己的梦想，因此他很快就做出决定：无论如何都要坚持到毕业。最后他也做到了。

3 年后，他除获得经济学学士的学位外，同时还获得著名的路德奖学金，并取得全国优等生俱乐部耶鲁分会会长的头衔，以极其优异的成绩毕业。

　　以后的两年，他前往英国牛津大学进修硕士。此行对于他后来从事财务经营有很大的影响。

　　约翰回到美国后，便与一名田纳西的女子结婚。

　　随后，他前往纽约，正式开始追求自己的目标。

　　他的起步是一家颇具规模的证券公司，他在里面的职位为投资咨询部办事员。

　　不久，朋友告诉他有一家公司正在招聘年轻上进的财务经理。

　　这家公司的名称是国家地理勘察公司，是一家石油勘探公司。

　　约翰听说之后，便前往这家公司应聘，因为他认为这家公司可让他进一步学到许多有关财务经营方面的东西，于是他就进了这家公司，一干就是 4 年。

　　4 年之后，他又回到早先的那家公司工作，并等待机会。

　　最后，机会终于被他等到了，一名资深职员即将退休，这个人拥有 8 个相当有实力的客户，欲以 5000 美金出让。这对约翰来说是相当大的赌注，5000 美金相当于他的全部财产，若此举失败，他将会变得一文不名。而且，这些客户接下来之后，能不能留住还是问题。

　　这时约翰再一次面对重大抉择。最后，他一心想自立门户的野心战胜了一切，他接下这 8 个客户，并且立即前往拜访，十分坦率而且诚挚地向他们说明自己的理想与计划，客户们都被他的热情与直率感动了，都表示愿意留下观察一段时间。

　　当时的约翰才 28 岁。

　　两年的时间很快就过去了，熬到第 3 年，公司业务开始蒸蒸日上，客户也显著增加，约翰自立的梦想终于实现在现实生活中。今天，他已经是一家投资咨询公司的总裁，拥有将近一亿美元的资产，并兼任某大型互助银行的常务董事及数家公司的董事。

梦想对人生对创富具有重要的指引作用。梦想，就是人的生命历程的预言。梦想所激发出来的使我们向上展望、攀登的能力，是指示我们走上财富之路的指南针。

财富始于梦想，如果想要成为一个富有的人，就要先怀揣富裕之梦想。

孕育可敬的野心

亨利·范·戴克说："扬名天下并不算是最伟大的志向，愿意将整个人类提升到另一个层次，才是更可敬的野心。"事实证明，在同情、智慧以及正直的前提下，野心是一股积极向上的力量，它足以拨动勤勉的齿轮，为人们带来生机。

美国科学家R.C.史奈特，曾经进行了一项有趣的实验，证实太大的野心妨碍成绩。

这一实验是依不同的动机设计的，将被实验者分成3组，各组按照指示解决相同的问题。第一组只要自己解决完问题就没事了。这项指示引发不起任何野心。

第二组，答对了就有100元奖金。这项宣布使野心开始蠢蠢欲动。

第三组，为了刷新解答所需时间的纪录，越快答完越好，除此之外还有2000元奖金。这明显引发了强烈野心。由实验结果得知，野心不大不小者的成绩最好。

树枝往哪个方向弯，树就往哪个方向长。有能力却未能发挥是人生的一大悲剧。有野心，再加上正直的品德、正确的方向，必然会凝聚成一股强劲的积极力量。

露丝·赛门是远近驰名的马萨诸塞州史密斯学院的新任校长，她的成功就是一个典型的例子。从她身上也可以证明"美国人的梦想"绝对有可能实现，而且至今仍然深植在美国人心中。

小时候，赛门女士就告诉同学，将来有朝一日她会当大学校长。作为得克萨斯州一个小农场主的第 12 个孩子，她的口气真是不小。但是她可能无论如何也没有想到，她会成为美国顶尖大学的校长。她是第一位领导一流大学的非裔美国人，能够荣任大学校长的女性本来就不多，非裔美国人更是屈指可数。

大多数成功人士都有善于引导的父母，赛门女士也受到母亲极大的影响。她非常重视个性及道德，并且强调应该"爱人如己"。赛门女士说："我不是为了得到高分、称赞或奖赏才努力读书，而是因为母亲告诉我们，'用功读书是做学生的本分'。"

罗斯·甘贝尔博士说，人的个性在 5 岁的时候就已经形成 80%。从赛门女士的例子中可以得到最好的证明。评审委员之一的彼得·洛斯说："我们希望找出最胜任的人选。赛门女士坚强的意志、优异的学术表现及坚忍不拔的个性，才是她获得这份工作的主要原因。"

孕育可敬的野心能使我们克服惰性，从安逸的生活中获得新的动力。

有一个老人在山里打柴时，拾到一只很小的样子怪怪的鸟，那只怪鸟和出生刚满月的小鸡一样大小，也许因为它实在太小了，又不会飞，老人就把这只怪鸟带回家给小孙子玩耍。老人的孙子很调皮，他将怪鸟放在小鸡群里，充当母鸡的孩子，让母鸡养育。母鸡没有发现这个异类，全权负起一个母亲的责任。

怪鸟一天天长大了，后来人们发现那只怪鸟竟是一只鹰，人们担心这只鹰再长大一些会吃鸡。为了保护鸡，人们一致强烈要求：要么杀了那只鹰，要么将它放生，让它永远也别回来。因为和这只鹰相处的时间长了，有了感情，这一家人自然舍不得杀它，他们决定将它放生，让它回归大自然。

然而，他们用了许多办法都无法让其重返大自然，他们把它带到很远的地方放生，过不了几天，那只鹰又跑回来了，他们驱赶它不让它进家门，他们甚至将它打得遍体鳞伤……许多办法试过了都不奏效。最后他们终于明白：原来鹰是眷恋它从小长大的家园，舍不得那个温暖舒适的窝。

后来村里的一位老人说："把鹰交给我吧，我会让它重返蓝天，永远不再回来。"老人将鹰带到附近一个最陡峭的悬崖绝壁旁，然后将鹰狠狠地向悬崖下的深涧扔去。那只鹰开始时如石头般向下坠去，然而快要到涧底时，它终于展开双翅托住了身体，开始缓缓滑翔，然后轻轻拍了拍翅膀，飞向了蔚蓝的天空，它越飞越自由舒展，越飞动作越漂亮。它越飞越高，越飞越远，渐渐变成了一个小黑点，飞出了人们的视野，永远地飞走了，再也没有回来。

沉湎于安逸，是人性中惰性的反映。人们喜欢舒适安逸的生活，一旦适应了它，便不愿再离开、再改变。但是，舒适会束缚住飞翔的翅膀，也许再也不能展翅高飞了。只有使自己胸怀大志，保持追求新目标的动力，生活才会更精彩，天空才会更蔚蓝。

生命因为有梦而丰满

梦想越高，人生就越丰富，达成的成就越卓绝；梦想越低，人生奋斗力就越差。这就是惯常说的："期望值越高，达成期望的可能性越大。"

把你的梦想提升起来。它不应该退缩在一个不恰当的位置。接受梦想的牵引吧！

一个梦想大的人，即使实际做起来没有达到最终目标，可他实际达到的目标可能比梦想小的人的最终目标还大。

生命正是因为有了多姿多彩的梦想而显得丰富、饱满。

这是美国北纽约州小镇上一个女人的故事。她从小就梦想成为最著名的演员。18 岁时，她在一家舞蹈学校学习 3 个月后，她母亲收到了学校的来信："众所周知，我校曾经培养出许多在美国甚至在全世界著名的演员，但是我们从没见过哪个学生的天赋和才能比你的女儿还差，她不再是我校的学生了。"

被退学后的两年，她靠干零活谋生。工作之余她申请参加排练。排练没有报酬，只有节目公演了才能得到报酬。但是她参加排练的每个节目都能公演。

两年以后，她得了肺炎。住院三周以后，医生告诉她，她以后可能再也不能行走了，她的双腿已经开始萎缩了。已是青年的她，带着演员梦和病残的腿，回家休养。

她始终相信自己有一天能够重新走路。经过两年的痛苦磨炼、无数次的摔倒，她终于能够走路了。又过了 18 年——整整 18 年！她还是没有成为她梦想的演员。

在她已经 40 岁的时候，她终于获得了一次扮演一个电视角色的机会。这个角色她非常合适，她成功了。在艾森豪威尔就任美国总统的就职典礼上，有 2900 人看到了她的表演；英国女王伊丽莎白二世加冕时，有 3300 人欣赏了她的表演……到了 1953 年，看过她表演的人超过了4000 万。

这就是露茜丽·鲍尔的电视专辑。观众看到的不是她早年因病致残的跛腿和一脸的沧桑，而是一位杰出的女演员的天才和能力，看到的是一位不言放弃的人，一位战胜了一切困苦而终于取得成就的大人物。

一个没有梦想的人是没有灵魂的生命，生活对他们来讲是空虚、寂寞的，他们不知道用梦想来充实自己的内心世界。

有了梦想的人从不会产生悲观厌世的念头，他们更不会有空去想怎么消遣无聊的岁月。因为在他们看来，时间只怕不够实现梦想，哪里有那么多可以虚度的年华呢？

一个有了梦想的人，会感到有股强大的力量推着自己不断前进，而促使他们为自己的将来做精心的设计。从没听过任何一个有卓越成就的人是个毫无梦想、毫无计划的人，人生不相信误打误撞。

罗马纳·巴纽埃洛斯是一位墨西哥姑娘，16岁就结婚了。在两年中她生了两个儿子，丈夫不久后离家出走，罗马纳只好独自支撑家庭。但是，她决心谋求一种令自己及两个儿子感到体面和自豪的生活。

她用一块普通披巾包起全部财产，跨过里奥兰德河，在得克萨斯州的埃尔帕索安顿下来。她在一家洗衣店工作，一天仅赚1美元，但她从没忘记自己的梦想，即摆脱贫困过上受人尊敬的生活。于是，口袋里只有7美元的她，带着两个儿子乘公共汽车来到洛杉矶寻求更好的发展。

她开始做洗碗的工作，后来找到什么活就做什么。拼命攒钱直到存了400美元后，她和姨母共同买下一家拥有一台烙饼机的小店。

她与姨母共同制作的玉米饼非常成功，后来还开了几家分店。直到姨母感觉到工作太辛苦了，罗马纳便买下了她的股份。

不久，罗马纳经营的小玉米饼店铺成为美国最大的墨西哥食品批发商，拥有员工300多人。

她和两个儿子经济上有了保障之后，这位勇敢的年轻妇女便将精力转移到提高美籍墨西哥人的地位上。

"我们需要自己的银行。"她想。

抱有消极思想的专家们告诉她:"不要做这种事。"

他们说:"美籍墨西哥人不能创办自己的银行,你们没有资格创办一家银行,同时永远不会成功。"

"我行,而且一定要成功。"她平静地回答说。结果她真的梦想成真了。

她与伙伴们在一辆小拖车里创办起他们的银行。可是,到社区销售股票时却遇到另外一个麻烦,因为人们对他们毫无信心,她向人们兜售股票时遭到拒绝。

他们问道:"你怎么可能办得起银行呢?""我们已经努力了十几年,总是失败,你知道吗?墨西哥人不是银行家呀!"

但是,无论别人怎么看,她始终不放弃自己的梦想,努力不懈,如今,罗马纳创建的"泛美国民银行"取得伟大成功的故事在东洛杉矶已经传为佳话。后来她的签名出现在无数的美国货币上——她成了美国第三十四任财政部部长。

当你内心有了一个梦想,便要为之不懈努力,不要让他人的看法和外在的环境偷走你的梦想,出卖了自己梦想的人是不可能取得成功的。守住自己的梦想,不要让现实与困难磨碎它,成功是梦想的伴侣,想到的或许未必能得到,但不去想永远也得不到。

远见为你打开财富之门

对同时代人影响最深远的是那些看得比别人多、比别人远的人。换言之，成大事者是具有远见的。《韦氏新世界英语词典》给"远见"一词下的定义是："被认为并非用眼睛看见的东西……感知到肉眼看不见的东西的能力……想象的力量或本领。"

从字面上说，"见"是看到物体的能力。我们说一个人视力好，是说他把眼前的物体看得清楚。如果他视力超常，就能看见远距离的东西。当我们用比喻的方式谈到"远见"时，意思就不一样了。远见是看到并非摆在眼前的东西的能力。远见指看到了别人未看到的重大意义的能力，是看到机会的能力。

远见也指看到将来的能力。指的不是神秘或预言方面的，而是想象方面的东西。作家乔治·巴纳说："远见是在心中浮现的、将来的事物可能或者应该是什么样子的图画。"

人生要想有所成就，必须具有高瞻远瞩的眼光，一旦认定目标就全力以赴，切不可把美好的光阴浪费在左右摇摆上。要记得，举棋不定只会让你失去拥有财富的机遇。

希腊船王奥纳西斯，曾是流落在街头的穷人。他曾为了拥有一块面包而幻想了好久。

那时，不要说分布在大城市里的高档豪宅和流动在街头的名牌轿车了，只要有一间能让他暂时避避风雨的草房，他都会感动得一塌糊涂，奥纳西斯几乎成了一名乞丐。可贵的是，他没有跟许多乞丐一样，一辈子碌碌无为地乞讨下去，盲目无奈地在城市里寄生，而是用自己的汗水，换来了劳动所得，并善于抓住机会，终于成为一名具有真正实力的大富豪。

奥纳西斯从学徒工干起，没有工资，每天的工作只能换来简单的温饱。他性情沉默，为人极为低调，渐渐地受到老板的赏识，付给他比较高的工资。

以后，虽然自己有了一点积蓄，开始做生意，他也先干那些投资极少、人们所不愿干的电报公司的焊接工程，也经营过许多人所不愿涉及的烟草生意。当时希腊的烟草生意是极为萧条的。

有一年，一场空前的经济灾难，使不计其数的大资本家破产，许多工厂纷纷关门，失业率激增，不少人沦落街头。但他却在这场经济危机中，奋起直追，把自己的事业推向了空前繁荣。这是为什么呢？

原来，这次发生在世界范围内的经济危机，使世界上许多国家的经济堕入深渊，百业萧条。海上运输业也在劫难逃。第二年初，奥纳西斯得知，加拿大一家公司为了渡过危机，准备拍卖8艘货船，10年前价值100万美元，如今仅以每艘3万美元的价格拍卖。他像猎鹰发现猎物一样，极为神速地前往加拿大商谈这笔生意。

这一反常举止令同行们瞠目结舌。因为当时海运业空前萧条，当年的海运量仅为经济危机前一年的35%。那些精明的老牌海运企业家们避之唯恐不及，奥纳西斯在这样的情况下投资海上运输，无异于将钞票白白抛入大海。许多人规劝他，有些人甚至认为他智商低，成就不了大事业。

奥纳西斯清醒地看到，商业的发展很像股票行情，总是有起有落，经济的复苏和高涨终将代替眼前的萧条。危机一旦过去，物价就会从暴跌变为暴涨，如果能乘机买下便宜货，价格回升后再抛出去，转手就可赚到大钱。海运业虽暂受冲击，但交通非常重要，必有复苏之日，而且这一天肯定不远。奥纳西斯谢绝了亲朋好友的劝阻，果断将这些船全部买下。

果然不出所料，经济危机过后，海运业的回升居于各行之首，奥纳西斯买下的那些船只，一夜之间价格倍增。

几年后，奥纳西斯一跃成为海上霸主，他的资产几百倍地翻滚增加。1945年，他跨入了希腊海运巨头的行列。

远见可以给人们带来巨大的利益，打开不可思议的机会之门。远见增强一个人的潜力，一个人越有远见，就越有潜能。远见使工作轻松愉快。每一项任务都成了一幅更大的图画的重要组成部分。这样，当你努力工作，把工作做好时，没有任何东西比这种感觉更愉快的了。

　　远见使工作增添价值。同样，当我们的工作是实现远见的一部分时，每一项任务都具有价值。哪怕是最单调的任务也会给你满足感，因为你看到更大的目标正在实现。

　　远见预言你的将来。眼光长远的人往往能走在时代的前沿。他能看见别人所不能看见的东西，掌握事物发展的未来趋势，因而能先行一步。

　　一个人在成功的道路上能走多远，要看他是否有长远的眼光。有很多成功人的例子都说明了这一点。他们有的面临过金钱的诱惑，有的经历过困境的阻挠。但他们往往能够执着于自己的梦想，从而摆脱眼前利益的诱惑，冲破困境的束缚。因为他们能够很清楚地看到未来的图景，所以他们意志坚定，矢志不渝。为了掌握自己的明天，你必须做一个有远见的人。

第三章

立即行动，一千个想法不如一个行动

成功始于心动，成于行动

行动是成功创富的保证。任何伟大的目标，伟大的计划，最终必然落实到行动上。

拿破仑说："想得好是聪明，计划得好更聪明，做得好是最聪明又最好。"

创富开始于心态，创富要有明确的目标，这都没有错，但这只相当于给你的赛车加满了油，弄清了前进的方向和线路，要抵达目的地，还得把车开动起来，并保持足够的动力。

现在做，马上就做，是一切成功人士必备的品格。

有一篇仅几百字的短文，几乎世界上所有的主要语言都把它翻译过。仅纽约中央车站就将它印了 150 万份，分送给路人。这篇短文的原作者是 Eebert Hubbard。文章最先出现在 1899 年的 *Philitine* 杂志上，我看到后就把这个短文收录到我的书中。

文章中写道："在一切有关古巴的事情中，有一个人最让我忘不了。当美西战争爆发后，美国必须立即跟西班牙反抗军首领加西亚取得联系。加西亚在古巴的丛林中——没有人知道确切的地点，所以无法写信或打电话给他。但美国总统必须尽快与他合作。"

"怎么办呢？有人对总统说：'有一个名叫罗文的人有办法找到加西亚，也只有他才找得到。'"他们把罗文找来，交给他一封写给加西亚的信。那个叫罗文的人拿了信，把它装进一个油纸袋子里，封好，吊在胸口，划着一艘小船，四天以后的一个夜里，在古巴上岸，消失于丛林中。接着在三个星期之后，从古巴岛的那一边出来，徒步走过一个危机四伏的国家，把那封信交给加西亚。

但所有这些细节都不是我想说明的。我要强调的重点是："麦金利总统把一封写给加西亚的信交给罗文，而罗文接过信之后，并没有问：'他在什么地方？他是谁？还活着吗？怎样去？为什么要找他？那是我的事吗？报酬如何？'"

没有问题，没有条件，更没有抱怨，只有行动，积极、坚决的行动。

在人的一生中，有着种种创富计划，若我们能够将一切憧憬都抓住，将一切创富计划都执行，事业生涯上的富有，不知要怎样的宏大，我们的生命，不知要怎样的伟大。

我们总是有憧憬而不去抓住，有计划而不去执行，坐视各种憧憬、计划幻灭消逝。

凡是应该做的事，拖延着不立刻做，想留待将来再做，有这种不良习惯的人总是弱者。凡是有力量、有能耐的人，总是那些能够在对一件事情充满热忱的时候，就立刻迎头去做的人。

曼利·史威兹喜欢打猎和钓鱼。他最大的快乐是带着钓竿和来复枪深入丛林，几天之后带着一身的疲惫和泥泞，心满意足地回来。

他唯一的困扰是，这项嗜好占去了他太多的时间。有一天，他依依不舍地离开扎营的湖边，回到保险公司工作时，突然产生了一个一般人认为很不实际的想法：荒野之中，也有人需要购买保险。

如此，他外出狩猎时，也一样可以工作。阿拉斯加铁路公司的员工，以及散居在铁路沿线的猎人、矿工都将成为他的潜在客户。

他立刻做好计划，并请教旅行社，然后就开始整理行李。他做好了所有的准备工作，以免"疑惑"袭上心头来恐吓他，使他认为这想法不切实际、会失败。之后，他立即搭船前往阿拉斯加。他沿着铁路来回走了无数次，"步行的曼利"是那些与世隔绝的人对他的昵称。

他受到了热烈的欢迎，他不但是唯一和那些与世隔绝的人接触的保险业务员，更是外面世界的象征。

除此之外，他还免费教他的潜在客户们理发和烹饪，经常受邀成为座上宾，享受佳肴。在短短的一年内，他的业绩突破百万美元，开展业务的同时他还享受到了登山、打猎、钓鱼的无限乐趣，他把工作和生活做了最完美的结合。

如果曼利·史威兹在梦想产生时，没有立即行动，可能会因为一再犹豫，使梦想无疾而终。想做的事情，立刻去做！

有计划而不去执行，使之烟消云散，这对我们的品格力量会产生非常不良的影响。有计划而努力执行，这才能增强我们的品格力量。有计划不算稀奇，能执行制订的计划才算可贵。明确了方向，确定了目标，就应该用实际行动去追求理想。

斯通担任美国国际销售执行委员会执行委员时，曾作为该委员会的代表走访了亚洲和太平洋地区。在某个星期二，斯通给澳大利亚东南部墨尔本城的一些商业工作人员做了一次鼓励立志的谈话。到下一个星期四的晚上，斯通接到一个电话，是一家出售金属柜的公司的经理意斯特打来的。意斯特很激动地说："发生了一件令人吃惊的事！你会同我现在一样感到振奋的！"

"把这件事告诉我吧！发生了什么事？"

"我确定的主要目标是把今年的销售额翻一番。令人吃惊的是，我竟在 48 小时之内达到了这个目标。"

"你是怎样达到这个目标的呢？"斯通问意斯特，"你怎样把你的销售额翻一番的呢？"

意斯特答道："你在谈话中讲到你的推销员亚兰在同一个街区兜售保险单失败而后又成功的故事。我记住你给我们的自我激励警句：'立刻行动！'我就去看我的卡片记录，分析了 10 笔死账。我准备提前兑现这些账，这在先前可能是一件相当棘手的事。我重复'立即行动'这句话好几次，并用积极的心态去访问这 10 个客户。结果做成了 8 笔大买卖，发扬积极心态的力量所做出的事是很惊人的！"

要当一个成功者，必须积极地努力，积极地奋斗。成功者从来不拖延，也不会等到"有朝一日"再去行动，而是今天就动手去干。他们忙忙碌碌尽其所能干了一天之后，第二天又接着去干，不断地努力、失败，直至成功。

要记住这句老话："今天能做的事情不要拖到明天。"成功者一遇到问题就马上动手去解决。他们不花费时间去发愁，因为发愁不能解决问题，只会不断地增加忧虑。当成功者开始集中力量行动时，立刻就兴致勃勃、干劲十足地去寻找解决问题的办法。

你遇见过那种喜欢说"假若……我已经……"的人吗？有些人总是喋喋不休地大谈特谈他以前错过了什么样的成功机会，或者正在"打算"干什么样的事业。失败者总是考虑他的那些"假若如何如何"，所以总是因故拖延，总是顺利不起来。

总是谈论自己"可能已经办成什么事情"的人，不是进取者，也不是成功者，而只是空谈家。实干家是这么说的："假如说我的成功是在一夜之间得来的，那么，这一夜乃是无比漫长的历程。"不要等待"时来运转"，也不要因急于求成而恼火，要从小事做起，要用行动争取胜利。记住，立即行动！行动能让你像曼利一样，抓住稍纵即逝的宝贵时机，实现梦想。

不要拖延，现在就去做

成功人士肯定懂得这样的格言："我们要明白一点——拖延、迟缓无异于死亡。"对于成功者而言，拖延是最具破坏性的、最危险的恶习，它使你丧失了主动的进取心。一旦开始遇事拖拉，你就很容易再次拖延。而克服拖延唯一的解决良方，正是行动。

当你真的放手去做时你会惊讶地发现，你正迅速改变自己和自身的状况。正如英国首相及小说家本杰明·狄斯雷利所说："行动未必总能带来幸福，但没有行动就一定没有幸福。"

深夜，一个危重病人迎来了他生命中的最后一分钟，死神如期来到了他的身边。在此之前，死神的形象在他脑海中几次闪过。他对死神说："再给我一分钟好吗？"死神回答："你要一分钟干什么？"他说："我想利用这一分钟看一看天，看一看地。我想利用这一分钟想一想我的朋友和我的亲人。如果运气好的话，我还可以看到一朵绽开的花。"

死神说："你的想法不错，但我不能答应。这一切都留了足够时间让你去欣赏，你却没有像现在这样去珍惜，你看一下这份账单：在60年的生命中，你有超过1/3的时间在睡觉，剩下的40多年里你经常拖延时间，曾经感叹时间太慢的次数达到了 10000 次，平均每天一次。上学时，你拖延完成家庭作业；成人后，你抽烟、喝酒、看电视，虚掷光阴。

"我把你的时间明细账罗列如下：做事拖延的时间从青年到老年共耗去了 36500 个小时，折合 1520 天。做事有头无尾、马马虎虎，使得事情要不断地重做，浪费了大约 300 多天。因为无所事事，你经常发呆；你经常埋怨、责怪别人，找借口、找理由，推卸责任；你利用工作时间和同事侃大山，把工作丢到了一旁毫无顾忌；工作时间呼呼大睡，你还和无聊的人煲电话粥；你参加了无数次无所用心、懒散昏睡的会议，这使你的睡眠时间远远超出了 20 年；你也组织了许多类似的无聊会议，使更多的人和你一样睡眠超标；还有……"

说到这里，这个危重病人就断了气。死神叹了口气说："如果你活着的时候能节约一分钟，你就能听完我给你记下的账单了。哎，真可惜，世人怎么都是这样，还等不到我动手就后悔死了。"

成功的最大敌人，是凡事等待明天。在所谓的风平浪静的生活中，你也许经常说这样的话："我要等等看，情况会好转的。"对有些人来讲，这似乎已经成为他们习以为常的一种生活方式。他们总是明日复明日，因而也就总是碌碌无为。

在现实生活中我们不难发现，其实每个人都有惰性，不分事情的轻重，喜欢拖延。唯一的区别，是拖延的程度不同罢了。每一个人都有拖延的习惯，每当想要做什么的时候，就立刻把想法做转换，转换为没有设定完成期限。这就是拖延的根源，如果已经设定了期限，就不会拖延，而且，在那个期限内是一定要完成的、无法再更改的，这样一来，就没有拖延的借口。

拖延是一个习惯，行动也是一种习惯，要用好的习惯来代替不好的习惯。仔细思考一下，拖延的事情迟早要做，为什么要等一下再做？现在做完等一下可以休息，有什么不好？现在休息，也许等一下要付出更大的代价。想一想，在日常生活当中，有哪些事情是你最喜欢拖延的，现在就下定决心，将它改善。从最简单的事情开始，当你可以激发自己的行动力的时候，你会非常有干劲，会非常想去完成一件事情。

当事情不如意时，一定是你没有掌握正确的方法；当完成的速度不够快的时候，一定是你使用的策略不对。当你开始拖延的时候，一定是你的优先顺序没有排列对，因为你不知道这件事有多重要。凡事掌握其根源，必定会得到非常大的收获和显著的成效，不管你现在要做什么事，请立刻行动。

现在就去做你一直在推迟的事情。在采取实际行动之后，你会发现，拖延时间真的毫无必要，因为你很可能会喜欢自己一再拖延的这项工作。在实际工作中，你会逐步打消自己的各种顾虑。

问问自己："倘若你做了自己一直拖延至今的事情，最糟糕的结果会是什么呢？""最糟糕的结果"往往是微不足道的。因而你完全可以积极地去做这件事，认真分析一下自己的畏惧心理，你会懂得维持这种心理毫无道理。

给自己安排出固定的时间，如周一晚上 10 点至 10 点 15 分专门做曾被拖延的事情。你会发现只要在这 15 分钟内专心致志地工作，你往往可以做完许多拖延下来的事情。

要珍爱自己，不要为将要做的事情忧心忡忡。不要因拖延时间而忧虑，要知道，珍爱自己的人是不会在精神上这样折磨自己的。

认真审视你的现实情况，找出你目前回避的各种事情，并且从现在起逐步消除自己对真正生活的畏惧心理。拖延时间意味着在现实生活中为将来的事情而忧虑。如果你把将来的事情变成现实，这种忧虑心理必然会消失。

认真审视一下自己的创富计划。假设你今生今世还有 6 个月的时间，你还会做自己目前所做的事情吗？如果不会的话，你最好尽快调节自己的生活，现在就去做你最紧迫、最需要做的事情。为什么？因为相对而言，你的时间是很有限的。在时间的长河中，30 年和 6 个月是相差不多的。你的全部生命只不过是短暂的一瞬间，因而在任何方面拖延时间都毫无道理。

行动，而不是犹豫

许多人害怕负起做决断的责任——决定不下要采取什么样的行动。因为他们担心，事情若是做不成功，他们便要成为责任的承担者。因此，他们尽可能避免负责，如无法避免，他们会陷入忧愁、疑惧，或不知所措。这种焦虑和紧张，往往使身体和精神趋于崩溃。

1942 年，有位住在加拿大尼亚加拉瀑布地区的年轻小伙子，名叫柯思迪罗。他退伍之后，立刻在"安大略水力发电代办处"找到一份修理机械的工作。18 个月以来，他一直表现良好，而且工作得很愉快。一天，上司告诉他一个好消息——他被升任为领班，负责管理厂内重机油的设备。

"从那时起，我便开始忧愁了。"柯思迪罗描述道，"我曾是个快乐的机械工，但调升为领班之后，日子便不再快乐了。我所负的责任带给我许多压力，不论是清醒时或在睡梦里、不论在厂内或家里，焦虑常是我最亲密的伴侣。

"然后，事情发生了——我一直担心的紧急变故终于发生了。我当时正走向一个碎石坑，那里应有四部牵引机在工作。但坑里那时一片寂静，我急忙跑过去看，原来四部牵引机都发生了故障。

"我从没碰到过这样的大事故，因此脑子空空不知如何是好。我跑去找监督，告诉他这个天大不幸的消息，然后静等着他向我大发雷霆。

"但屋顶并没有掉下来，相反地，这位监督转过身来，若无其事地向我微微一笑，然后说了几个字眼——假如我有幸活到一千岁，也永远不会忘记这些字眼。他对我说：

"'把它修好啊！'

"就从那一刻开始，我所有的忧愁、恐惧和焦虑，完全一扫而空，整个世界又恢复了正常。我急忙拿了工具出去，马上开始修理那四部牵引机。这几个奇妙的字眼可说是我一生的转折点，并且改变了我的工作态度。感谢那位监督，我不但再度对工作燃起了热忱，也下定决心——遇事不要惊慌，不要忧烦，只要赶紧'把它修好'，就可以啦！"

行动的过程就是对自我胆怯心理克服的过程。一个胆怯的人往往是没有自信的人，面对问题时退缩不前，选择逃避，不敢行动。一个人的成功是一个不断克服自我设限，果断行动追求最完美结果的过程。一个人只有不断打破自我认知和能力上的局限，才能不断进步。

住在印第安纳州的泰德·斯坦坎普先生，便是位幸运人士。他的父亲不仅了解积极行动的价值，并且知道如何把这个观念和习惯传授给儿子。事情的经过是这样的：

泰德·斯坦坎普12岁时曾被邻居家的一个孩子欺负，所以，他决心不再出门，这样比较保险。过了几天，作为他帮忙割草的奖励，泰德的父亲给了他一些钱要他去看电影和买冰激凌。泰德把钱放进口袋，但没有去看电影——虽然他是那么渴望去看电影——因为他怕会遇见那个邻居的孩子。

"我父亲以为我是生病了，"泰德·斯坦坎普说，"我含糊地回答他的问话。第二天傍晚我到巷子里去玩弹子。这时候我发现了我的'敌人'——他此时像《圣经》里被大卫王杀死的菲利斯丁巨人那样可怕——向我冲来。我吓得掉过头拼命跑回我家的车库，谁知我爸爸正站在我面前。他问我究竟是怎么了，我谎称我们在捉迷藏。这时候一个声音传进来：'出来，胆小鬼。'

"我爸爸手中多了一根 0.6 米长的厚厚的汽车皮带，语气平静地对我说，如果我不敢面对那个大块头，就必须等着挨皮带。我稍一犹豫，皮带就打在我的屁股上，那种疼痛比打架时挨过的拳头厉害多了。

"我像炮弹被发射般窜出车库，出其不意地冲向那个家伙。第一拳打得他没有心理准备，接二连三地又是几下，他只有狼狈逃窜。

"后来的几天成为我童年最快乐的记忆，勇气带给我的报偿是一种享受，我重获自尊，而且我得出一个有用的结论——不要逃避现实，要勇敢地面对它。一条汽车皮带和一个睿智的父亲叫我明白了一个真理。"

做出决定进而采取行动的能力是做好自我保护的要素之一。虽然多数人在大半生的时间里都循着常规生活，但没有人能预知紧急情况的发生，所以我们应当时刻准备行动。权衡利弊，养成选择最有利的办法付诸实施的习性，可能会成为未来某天掌握我们自己以及以我们为支柱的人的生死关键。

住在俄亥俄州春田市的艾尔·比夏先生，便曾遇到这样的危机。比夏先生和妻子及三岁大的女儿一同开车到科罗拉多欢度圣诞佳节。那一天，风雪交加，高速公路上的车子都减速慢行了。忽然，开在他们前面的几辆车子都停住了，比夏也急忙刹车停下来，并试着倒转车子往回开。但风雪实在太大了，他们一不小心便陷入车道的积雪当中，动弹不得。

"我们停在那里几乎有一个钟头，内心实在焦虑不已。"比夏先生回忆当时的情况时说道，"在那一个钟头里，我们担忧的程度超过了所有以往的经历。夜色降临了，气温愈来愈低，风雪也变得更厉害了。路上的积雪愈来愈厚，我们的车子是绝对无法再开动了。我望着太太和女儿，心里知道必须赶紧采取行动，以求取生存。"

"我记得方才开车的时候，曾路过一栋农舍，距离我们停留的地方约1/4英里远。假如我们能走到那里，生存或许有望。于是，我把女儿抱在怀里，便和太太一同向农舍出发。这真是一趟艰苦的路程！积雪高到我们的臂部，得费极大的力气才能向前走一小步。那真是痛苦的经历，但我们终于走到了农舍！

"接着的24小时内，我们都留在那栋有四间房的农舍里，还有另外33个人也因风雪而被困在那里。但我们都觉得十分温暖、安全，简直就像到了天堂一样。事过境迁之后我们回想，假如那时我们没有毅然决然采取行动，而只呆坐在车里等候，相信我们早就冻死在风雪中了。"

是的，紧急的情况往往逼使我们要当机立断，立刻采取行动，不能多有犹豫、考虑的时间，否则情况将难以补救。当需要付诸行动的时候，不能犹豫。

行动造就真正的巨人

人们在做一件事情之前，总是先有目标和计划，然后才付出行动来实施。不要奢望不劳而获。机遇不会从天而降，它需要靠自己的双手去创造和争取。

西方流传着这样一个故事：

很久以前，一位聪明的国王召集了一群聪明的臣子，给了他们一个任务："我要你们编一本各时代的智慧录，好留传给子孙。"这些聪明人离开国王后，工作了很长的一段时间，最后完成了一本长达十二卷的巨作。国王看了以后说："各位先生，我确信这是各时代的智慧结晶，然而，它太厚了，我怕人们不会读，把它浓缩一下吧。"

这些聪明人又长期努力地工作，几经删减之后，完成了一卷书。然而，国王还是认为太长了，又命令他们再浓缩，这些聪明人把一卷书浓缩为一章，又浓缩为一页，然后减为一段，最后变为一句话。聪明的老国王看到这句话后，显得很得意。"各位先生，"他说，"这真是各时代智慧的结晶，并且各地的人一旦知道这个真理，我们大部分的问题就可以解决了。"

这句话就是："天下没有免费的午餐。"

这则寓言告诉人们这样一个道理：你要实现你的人生理想，你就必须行动。行动能够抓住机会。从现在起，不要再说自己倒霉了。对于成功者来说，勤奋工作就是好运气的同义词。只要专心去做好你现在所做的工作，坚持下去直到把事情做好，"机会"就会来到。

怨天尤人不会改变你的命运，只会耽误你的光阴，使你没有时间去取得成功。如果你想要"赶上好时间、好地方"，就去找一样你能够拼上一拼的工作，然后努力去干。幸运不是偶然的。只要勤奋工作，就会把幸运女神召唤来。

行动发挥潜能。科学已经证明，人的潜能几乎是无穷的。行动，潜能就会增加；不行动，潜能就会减退。行动促使潜能发展，潜能的发展必然又带来更多的行动。行动会增强自信心，犹豫只会带来恐惧。克服恐惧的唯一办法就是立即行动。

跳伞的人拖得越久就越害怕，越没有信心。"等待"甚至会折磨各种专家，并使他们变得神经质。有经验的教师站在讲台上长时间不开口也会紧张得不行。著名播音员爱德华·慕罗在面对麦克风之前总是满头大汗，开始播音以后，所有的恐惧立即烟消云散了。行动可以治疗恐惧，许多老演员也有这种经验，立即进入状态，可以解除全部的紧张、恐怖与不安。

一般人则不了解这个道理，他们应对恐惧的常用方法就是不做或回避。多数推销员就经常这样，他们经常怯场，结果越来越糟。克服恐惧的最佳办法，就是立刻就做。不管干什么事，制订目标之后，就要立即行动，不可一拖再拖。信息时代，是讲究速度和高效的，不行动就要落后。行动的步骤如下。

（1）确立明确的目标。有些人的目标比较笼统，比如说当一名科学家。有的则比较具体，比如要发明出治疗癌症的药。广泛的理想目标也有用，因为它们有整体的观点，可以解放想象力，帮助我们探究所有可能的选择。但是，广泛的目标却不能使我们确定自己所要做的是什么。由于这个缘故，我们需要具体的目标。

目标有两种，一种是"输出目标"，一种是"能力目标"。输出目标指的是可以凭借多种方式完成的目标。能力目标则比较难懂，但是重要性一样，这种目标可以用来回答这个问题："为了达到我的输出目标，我必须擅长什么？"输出目标和能力目标可谓携手并行，相互支持。比如有些女演员，她给自己订立的输出目标是，在明年的两个大型电视剧中出演。这个目标需要她表演成功才能达到，所以做一名引人注目的女演员，便是她的能力目标。

（2）行动必须忠诚于订立的目标。为什么要提出这个问题呢？因为在古今中外有关成功的实践或事例中，行动与目标背离，不依目标的要求行事，是一种十分常见的错误，也是许多人最后目标落空，陷于失败的常有教训。

正如美国学者莫利斯博士所说："一般人的行为，经常与他的梦想或目标不一致，这种现象十分普遍，达到了令人吃惊的程度。"其实，每个人都会犯这个毛病，只是程度不同罢了。而常犯这种毛病，无疑是在自己前进道路上放置障碍物，阻碍自己迈向成功。

不忠诚于目标，就是行动与目标的要求不协调，莫利斯博士举例说：售货员的目标是卖出更多的东西，行动却是对顾客蛮横无理；做丈夫的希望家庭美满，却对自己的妻子漠不关心；有的公司希望与客户和供应商建立相互信任的关系，提高自己的信誉，行动却是三天两头耍花招儿，欺诈不断；某个瘾君子发誓戒烟，却在家里和车上私藏香烟。诸如此类的事情，在我们的生活中确实经常见到。

为什么忠于目标有时显得那样难呢？一个重要原因，是忠于目标需要付出较大的努力，需要克服许多人性的弱点，需要对自己的欲望严加约束。所以行动忠诚于目标，是一件非常难于做到的事情，因为人人有这样那样的欲望，节制欲望需要付出极大的毅力，从更高的层次说，需要坚定的理想信念，需要有强大的精神支柱。

（3）化目标为行动。制订目标相对容易，难的是付诸行动。很多人都制订了自己的人生目标，但制订了目标之后，便把目标束之高阁，没有投入实际行动中，到头来仍然一事无成。目标制订好后，就不能有一丝一毫的犹豫，而要坚决地投入行动。

把目标转化为行动，要尝试按以下步骤进行：

①将几个已经拖延很久但须马上开始的行动写下来，也许是学习、训练或交朋友等；

②写下没有开始行动的若干原因，为什么我当时没有行动？是不是当时有什么困难？回答这些问题有助于你认识未付诸行动的原因；

③写出你拖延行动而觉得快乐的理由；

④写出如果你不马上行动所造成的后果；

⑤写下完成那几个行动后的所有快乐。

光阴易逝，你在人生中真正能抓住的时间就是现在，就是今天。

第四章

思想成就人的伟大

精神成长影响个性及成功

一个人出生、逐渐成长，从一个自然人成长为社会人，随着经历的增加，他的思想精神也逐渐丰满成熟。美国心理学家哈帕格根据人成长过程中出现的不同精神状态，将精神成长分为六个阶段。

第一阶段是知识渐次增加，主要从经验中获取知识。小孩随着成长，不断地从周围人、从各种媒体、从自身的活动中吸取知识，形成自己最初的思想精神。

第二阶段就是各种知识融会贯通，也就是智慧增进。随着年龄的增长，认识的增加，对各种知识有了一定的整体把握能力，能融会贯通，提炼出智慧。

第三阶段就是"创造性"。随着认识和智慧的进一步增加，认识到现存的知识和事物有种种的不足，这时他能就局部某一方面提出问题，提出自己的意见。

第四阶段是"混沌中的效力"。随着自我认识和知识的进一步成长，现存的问题和自己的反思旗鼓相当，对世界既明白又疑惑，整个世界和自我精神混沌不清。整个思想存在着这样的怀疑："为什么我们要那样生活？我可不可以改变行为呢？"

第五阶段是"个别化"。随着混沌的解决，自我思想得到升华，走向个性化、个别化阶段。个别化是精神成长的高水准表现，也就是有了独特的信念、价值、判断、观念、行动。

第六阶段是现实上的成长。随着自我精神的进一步成长，个别化走向成熟，人们逐步学会将现实和幻想分开。认识到许多幻想只是"空想"，虽无大碍，却也于事无补，所以精神上更加努力面对现实。

我们发现一个人成就的大小是与他精神的成长、思想的格局成正比的，行为是受思想控制和指导的。有什么样的思想就有什么样的行为，有什么样行为就有什么样的人生际遇。

亨利·福特每年赚进的美元数以百万计，因为他有着明确的目标，并用具体的计划支持这项目标。在亨利·福特年轻时和他一起工作的那些工厂同事，除了看到每周的薪水袋之外，什么也没有看到，而且他们也只知道追求薪水。他们对自己没有什么要求。如果你想要有更多的收获，就要先对自己有更多的要求。

在精神成长的第一阶段到第四阶段，从某种程度上说，我们还不属于我们自己。因为在这些阶段中，我们还没有自己的较为稳定的信念、价值、判断、观念、行为。我们被历史的、前人的、大众的、习惯的、习俗的思想观念统治着，不能分辨，只能盲从，时常被潮流冲得一会儿左一会儿右，所以我们还不是自己的主人。当一个人精神思想不成熟的时候，即没有独立的个性化的思想时，这个人是不容易成功的。

有一首很著名的诗，作者在诗中说出了一个伟大的心理学真理：

如果你认为自己已被打败，那么你就被打败了；

如果你认为自己并未被打败，那么你就并未被打败；

如果你想要获胜，但又认为自己办不到，

那么，你必然不会获胜。

如果你认为你将失败，那你就已经失败，

因为，在这个世界上，我们发现，

成功开始于人们的意识中——

完全视心理状态而决定。

如果你认为自己已经落伍，那么，你已落伍——

你必须把自己想得高尚一点。

你必须先确定自己，

才能获得胜利。

生命的战斗并不全是由强壮或跑得快的人获胜；

但不管是迟是早，

胜利总属于认为自己能获胜的人。

如果你下定决心背诵这首诗，对你将大有帮助，并且你可以把它当作你发展自信心的一部分装备及工具。

一个人的精神成长也不是一帆风顺的，有的人成长得快，有的人成长得慢。还有许多人到老都还不能过渡到第五、第六阶段。一个人要想让自己的个性成功，就必须使自己的精神及思想加快过渡到成熟阶段。

相信你自己的思想，相信众人也会承认你内心深处所确认的东西，这就是天才。尽管摩西、柏拉图、密尔顿的语言平易无奇，但他们之所以成为伟人，其最杰出的贡献乃在于蔑视书本教条，摆脱传统习俗，说出他们自己的，而不是别人的思想。

一个人应学会更多地发现和观察自己心灵深处那一闪即过的火花，

而不只限于仰观诗人、圣者领空里的光芒。在大众之声与我们相悖时，我们也应坚持真理，不做妥协。思想具有力量，只要我们确信已经找到正确的思想指南并坚持下去，就一定会成功。

在思想上要敢于冒险

古往今来，能成大事者一定是在思想上或行为上勇于追求，敢于冒险的人。总是回避困厄与风险的人，将与成功无缘。

第二次世界大战结束后，战胜国决定在美国纽约建立联合国。可是，办公场所建在哪里？在寸土寸金的纽约，要买一块土地谈何容易？特别是联合国机构刚刚成立，身无分文，硬性摊派不合适，征求募捐也很难——经过战争浩劫，谁也没有多余的钱。

正当各国政要一筹莫展时，美国著名的洛克菲勒财团决定投下一笔巨资，在纽约买下一大片土地，无偿赠送给联合国。洛克菲勒财团同时也将这块土地四周的地面都买了下来。

消息一传开，各财团舆论哗然，纷纷嘲笑洛克菲勒家族：如此经营，不用几年，必然沦落！洛克菲勒财团则不管他人如何议论，决心不变，坚持将土地奉送。

几年之后，联合国大厦建立起来了，联合国事务开展得红红火火，那块土地很快变成全球的一块热土。于是，它四周的地价也不断升值，几乎是成倍成倍地飙升。结果，洛克菲勒财团所购买的土地价值直线上升，所赢得的利润相当于所赠土地价款的数十倍、上百倍。

那些当初嘲笑洛克菲勒财团的大亨们，此时只能自嘲目力不济。巴甫洛夫曾说："应该冒险，这是思想的权利。"在生活和工作中，很多人的基本特征就是"怕"字当头，"不敢"为先，害怕受到伤害，害怕承担责任，害怕有可能的失败……做什么事都瞻前顾后，畏首畏尾。

而优秀人士总能坚持做到有良好的计划就去实施，有出色的点子就去执行，绝不会让自己处于一种躲避退让、被动挨打的地位。优秀人士大都鄙视守成有余而开拓不足、缺乏冒险精神的人生态度，他们无法忍受自己的事业始终处于一种小格局、小境界和小发展之中。

有人问一位股票界的成功人士："股票会不会跌？"回答是："很难说。"再问："什么时候会上涨？"回答仍是："很难说！"接着问："能买哪一只股票？"回答还是："很难说！"

问者说："你什么都不确定，就去搞那么大项目的投资，是不是太冒险了？"他回答："当你什么都知道，都弄清楚了的时候，不也正是一切都风平浪静，一切都已经成为历史的时候吗？我们就是在所有问题都还不确定的情况下进行投资，换取可能的成功啊！"

成功人士都是肯动脑筋、敢冒风险的人，他们愿意迎接通过努力取得成功的挑战。他们以迎接挑战为乐趣，但这绝不意味着赌博。他们对于风险不大的事情不屑一顾，因为它不是挑战，也不会去冒太大的风险，因为这会得不偿失。《冒险》一书的作者维斯戈说："如果生活想过得好一点，就必须冒险。不制造机会，自然无法成长。"担心吗？危险吗？不确定吗？这是预料中的事，但为了前进一步，就必须暂时离开安全的处所。每一次的冒险，都无法避免会有所失。如果你一点都不怕，维斯戈说："这种冒险根本不是冒险，对你一点也没有好处——没有任何冒险是绝对安全的。"

当然，冒风险也要从实际出发，因为我们的愿望是要获得成功。运用自己的技能克服困难，通过努力获得实际的成就，这是莫大的快事。冒风险不可胡来，因为风险过高或过低都不可能获得令人满意的结果。

总之，创造人生的人总是乐于接受困难和挑战又能获得成功的人。

以发散性思维拓展梦想宽度

有这样一则寓言：

一条鱼从小在一个小鱼缸中长大，它的心情并不好，因为它觉得鱼缸太小了，游了一会儿就到头了。随着小鱼慢慢长大，鱼缸已经显得太小了，主人便为它换了一个稍大些的鱼缸。鱼刚刚高兴了几天，又不满意了，因为没游多大会儿还是碰到了鱼缸壁。最后，主人将它放回了大海，但鱼仍然高兴不起来。因为它再也游不到"鱼缸"的边缘了，它感到很没有成就感。

我们说，心有多大，舞台就有多大。小鱼的心已经被鱼缸限制了，在大舞台上也就无法顺畅舒展了。同理，我们的思维被局限时，也很难发挥出全部的能量。而如果我们的思维能够向四面八方辐射性地发散，我们分析问题、解决问题的能力也会有一个大的提升，供我们展示才华的舞台也就会变大。

发散思维的要旨就是要学会朝四面八方想。就像旋转喷头一样，朝各个方向进行立体式的发散思考。这首先要确定一个出发点，即先要有一个辐射源。怎样从一个辐射源出发向四面八方扩散？下面是提供的几种方法：

（1）结构发散，是以某种事物的结构为发散点，朝四面八方想，以此设想出利用该结构的各种可能性。

（2）功能发散，是以某种事物的功能为发散点，朝四面八方想，以此设想出获得该功能的各种可能性。

（3）形态发散，是以事物的形态（如颜色、形状、声音、味道、明暗等）为发散点，朝四面八方想，以此设想出利用某种形态的各种可能性。

（4）组合发散，是从某一事物出发，朝四面八方想，以此尽可能多地设想与另一事物（或一些事情）联结成具有新价值（或附加价值）的新事物的各种可能性。

（5）方法发散，是以人们解决问题的结果作为发散点，朝四面八方想，推测造成此结果的各种原因。或以某个事物发展的起因为发散点，朝四面八方想，以此推测可能发生的各种结果。

善于运用发散思维的人，常常具有别人难以比拟的"非常规"想法，能取得非同一般的解决问题的效果。艾柯卡就是一个典型的例子。

美国福特汽车公司是美国最早、最大的汽车公司之一。该公司曾推出了一款新车。这款汽车式样、功能都很好，价钱也不贵，但是很奇怪，竟然销路平平，和当初设想的完全相反。

公司的经理们急得就像热锅上的蚂蚁，但绞尽脑汁也找不到让产品畅销的办法。这时，在福特汽车销售量居全国末位的费城地区，一位毕业不久的大学生，对这款新车产生了浓厚的兴趣，他就是艾柯卡。

艾柯卡当时是福特汽车公司的一位见习工程师，本来与汽车的销售毫无关系。但是，公司老总因为这款新车滞销而着急的神情，却深深地印在他的脑海里。

他开始琢磨：我能不能想办法让这款汽车畅销起来？终于有一天，他灵光一闪，于是径直来到经理办公室，向经理提出了一个创意，在报上登广告，内容为："花56美元买一辆56型福特。"

这个创意的具体做法是：谁想买这款福特汽车，只需先付20%的货款，余下部分可按每月付56美元的办法逐步付清。

　　他的建议得到了采纳。结果，这一办法十分灵验，"花56美元买一辆56型福特"的广告人人皆知。

　　"花56美元买一辆56型福特"的做法，不但打消了很多人对车价的顾虑，还给人创造了"每个月才花56美元，实在是太合算了"的印象。

　　奇迹就在这样一句简单的广告词中产生了：短短3个月，该款汽车在费城地区的销售量，就从原来的末位一跃而为全国的冠军。

　　这位年轻工程师的才能很快受到赏识，总部将他调到华盛顿，并委任他为地区经理。

　　后来，艾柯卡不断根据公司的发展趋势，推出了一系列富有创意的举措，最终坐上了福特公司总裁的宝座。

　　善于运用发散思维的人不只艾柯卡，英国小说家毛姆在穷得走投无路的情况下，运用自己的发散思维，想出了一个奇怪的点子，结果居然扭转了颓势。

　　在成名之前，毛姆的小说无人问津，即使请书商用了全力推销，销售的情况也不好。眼看生活就要遇到困难了，他情急之下突发奇想地用剩下的一点钱，在大报上登了一个醒目的征婚启事：

　　"本人是个年轻有为的百万富翁，喜好音乐和运动。现征求和毛姆小说中女主角完全一样的女性共结连理。"

　　广告一登，书店里的毛姆小说一扫而空，一时之间"洛阳纸贵"，印刷厂必须赶工才能应付销售热潮。原来看到这个征婚启事的未婚妇女，不论是不是真有意和富翁结婚，都好奇地想了解女主角是什么模样的。而许多年轻男子也想了解一下，到底是什么样的女子能让一个富翁这么着迷，再者也要防止自己的女友去应征。

　　从此，毛姆的小说销售一帆风顺。

发散性思维具有灵活性，具有发散思维的人思路比较开阔，善于随机应变，能够根据具体问题寻找一个巧妙地解决问题的办法，起到出其不意的效果。培养发散思维，拓展思维的深度与广度，你的思维触角延伸多远，你的人生舞台就有多大。

走出囚禁思维的栅栏

只活了 41 岁的奥地利小说家弗兰茨·卡夫卡，是现代派文学的最有影响的人物。这位现代艺术的探险者虽天年短暂，但不朽的灵魂却附着在他的作品中自由潇洒地长驻人间。导致他获得成功的原因固然众多，不过，他对"每个人都生活在自身携带的栅栏内"的醒悟，以及为跨越这种"栅栏"所采取的狂放无羁的艺术思维方式，不能不说是他成功地拿到"放在最高处的桂冠"的重要缘由之一。

警惕自囚于这种"自身携带的栅栏"，并及时地从中走出来，实在是一种可贵的品质。与生俱来的独一无二的创造自由态度，勇于进取，绝不自损、自贬，在学习生活中勇于独立思考，在日常生活中善于注入创意，在职业生活中精于自主创新，正是能够从自我囚禁的"栅栏"里走出来的鲜明标志。

形成创造力自囚的"栅栏"，通常有其内在的原因，是思维的知觉性障碍、判断力障碍以及常规思维的惯性障碍所导致的。知觉是接受信息的通道，感、知觉的领域狭窄，通道自然受阻，创造力也就无从激发。这条通道要保持通畅，才能使信息流丰盈、多样，使新信息、新知识的获得成为可能；也才可能使得信息检索能力得到锻炼，不断增长其敏锐的接收能力、详略适度的筛选能力和信息精化的提炼能力，这是形成创新心态的重要前提。

判断性障碍大多产生于心理偏见和观念偏离。要使判断恢复客观，首先需要矫正心理视觉，使之采取开放的态度，注意事物自身的特性而不囿于固有的见解或观念。这在新事物迅猛增殖、新知识快速增加的当今时代，尤其值得重视。

常规思维的惯性，又可称之为"思维定式"，这是一种人人皆有的思维状态。它在支配常态生活时，似乎有某种"习惯成自然"的便利，所以不好说它的作用全不好；但是，当面对创新的事物时，如若仍受其约束，就会形成对创造力的障碍。注意培养"质疑能力"，控制"思维定式"的影响范围，是克服"思维定式"负面影响的关键。

美国杰出的发明家保尔·麦克里迪曾讲述过这样一个故事：

这是几年前的一件事。我告诉我儿子，水的表面张力能使针浮在水面上，他那时才 10 岁。我接着提出一个问题，要求他将一根很大的针投放到水面上，但不得沉下去。我自己年轻时做过这个试验，所以我提示他要利用一些方法，譬如采用小钩子或者磁铁等。他却不假思索地说："先把水冻成冰，把针放在冰面上，再把冰慢慢化开不就得了吗？"

这个答案真是令人拍案叫绝！它是否行得通倒无关紧要，关键一点是：我即使绞尽脑汁冥思上几天，也不会想到这上面来。经验把我限制住了，思维僵化了，这小伙子倒不落窠臼。

我设计的"轻灵信天翁号"飞机首次以人力驱动飞越英吉利海峡，并因此赢得了 214000 美元的亨利·克雷默大奖。但在投针一事之前，我并没有真正明白我的小组何以能在这场历时 18 年的竞赛中获胜。要知道，其他小组无论从财力上还是从技术力量上来说，实力远比我们雄厚。但到头来，他们的进展甚微，我们却独占鳌头。

投针的事情使我豁然醒悟：尽管每一个对手技术水平都很高，但他们的设计都是常规的。而我的秘密武器是：虽然缺乏机翼结构的设计经验，但我很熟悉悬挂式滑翔以及那些小巧玲珑的飞机模型。我的"轻灵信天翁"号只有70磅重，却有90英尺宽的巨大机翼，用优质绳做绳索。我们的对手们当然也知道悬挂式滑翔，他们的失败正在于懂得的标准技术太多了。

阻碍我们成功的，不是我们未知的东西，而是我们已知的东西。要从自囚的"栅栏"中走出来，还创造力以自由，首先就要还思维状态以自由。在此基础上，对日常生活保持开放的、积极的心态，对创新世界的人与事，持平视的、平等的姿态，对创造活动，持成败皆为收获、过程才最重要的精神状态，这样，我们将有望形成十分有利于创新生涯的心理品质，并使得有可能产生的形形色色的内在消极因素，及时地得以克服。

走出思维囚禁的栅栏，需要突破思维定式。创新不需要天才。创新只在于找出新的改进方法。任何事情的成功，都是因为能找到把事情做得更好的方法。

拿破仑·希尔问 PMA 成功之道训练班上的学员："你们有多少人觉得我们可以在 30 年内废除所有的监狱？"

学员们显得很困惑，怀疑自己听错了。一阵沉默以后，拿破仑·希尔又重复："你们有多少人觉得我们可以在 30 年内废除所有的监狱？"

确信拿破仑·希尔不是在开玩笑以后，马上有人出来反驳："你的意思是要把那些杀人犯、抢劫犯以及强奸犯全部释放吗？你知道这会有什么后果吗？这样我们就别想得到安宁了。不管怎样，一定要有监狱。"

"社会秩序将会被破坏。"

"某人生来就是坏坯子。"

"如有可能，还需要更多的监狱呢！"

拿破仑·希尔接着说："你们说了各种不能废除的理由。现在，我们来试着相信可以废除监狱。假设可以废除，我们该如何着手。"

大家有点勉强地把它当成试验，沉静了一会儿，才有人犹豫地说："成立更多的青年活动中心可以减少犯罪事件。"

不久，这群在 10 分钟以前坚持反对意见的人，开始热心地参与了。

"要清除贫穷，大部分的犯罪都起源于低收入的阶层。"

"要能辨认、疏导有犯罪倾向的人。"

"借手术方法来治疗某些罪犯。"

总共提出了 18 种构想。

这个实验的重点是：当你相信某一件事不可能做到时，你的大脑就会为你找出种种做不到的理由。但是，当你相信——真正地相信——某一件事确实可以做到，你的大脑就会帮你找出解决问题的各种方法。

有志者事竟成，这是创新思维的根本。而传统的想法则是创新成功的头号敌人。传统的想法会冻结你的心灵，阻碍你的进步，干扰你发展真正需要的创造性能力。

第五章

做你自己

主宰自己的命运

从自身以外的因素来解释自己不幸的原因，这种态度最终不仅不会取得任何成果，还会导致个人的尊严、自尊心、自由的丧失。相反，如果你能完全地承担个人的责任，那么，你就能通过你所做的选择，自由地创造你的命运。

我曾见过很多女人，都表现出她们"把负变正的能力"。已故的威廉·波里索，也就是《十二个以人力胜天的人》一书的作者，曾经这样说过："生命中最重要的一件事是不要把你的收入拿来算作资本。任何一个傻子都会这样做。真正重要的事是从人的损失里去获利。这就需要有才智才行，而这一点也正是一个聪明人和一个傻子之间的区别。"

亨利曾经说过："我是命运的主人，我主宰我的心灵。"做人应该做自己的主人，应该主宰自己的命运，不能把自己交付给别人。

然而，生活中有的人却不能主宰自己。有的人把自己交付给了金钱，成为金钱的奴隶；有的人为了权力，成了权力的俘虏；有的人经不住生活中各种挫折与困难的考验，把自己交给了上帝；有的人经历一次失败后便迷失了自己，向命运低头，从此一蹶不振。一个不想改变自己命运的人，是可悲的；一个不能靠自己的能力改变命运的人，是不幸的。

哲学家蓝姆·达斯曾讲了一个真实的故事。一个因病而仅剩下数周生命的妇人，一直将所有的精力都用来思考和谈论死亡有多恐怖。

以安慰垂死之人著称的蓝姆·达斯当时便直截了当地对她说："你是不是可以不要花那么多时间去想死，而把这些时间用来活呢？"

他刚对她这么说时，那妇人觉得非常不快。但当她看出蓝姆·达斯眼中的真诚时，便慢慢地领悟到他话中的诚意。

"说得对！"她说，"我一直忙着想死，完全忘了该怎么活了。"

一个星期之后，那妇人还是过世了。她在死前充满感激地对蓝姆·达斯说："过去一个星期，我活得要比前一阵子丰富多了。"

一些无知的人相信，一个人一生的事，是在呱呱坠地的时候已经由上天决定好了的，所以是"落地喊三声，好歹命生成"，而跟个人的努力是完全无关的。如果上天决定了他的好命运，即使他们不去做事，像一条懒虫似的生活，他的命运也会好起来，做事是多余的；如果他的命运不好，即使他焚膏继晷，夜以继日地苦干，也是不会获得什么好处的，上天早就决定了他一生艰苦，辛勤劳作又有什么用处呢？

所以，在这些人眼里富翁是天生的，一生下来他便是个富翁；领袖人物是天生的，他们降生时一定带点儿什么征兆；中等人是天生的，他们只落得一生温饱；强盗歹徒是天生的，他们是魔鬼的工具；一生受苦的人是天生的，他们是世人的奴隶。这就是典型的宿命论。

一个人的成功，要经过无数考验，而一个经受不住考验的人是绝对不能干出一番大事的。很多人之所以不能成就大事，关键就在于无法激发挑战命运的勇气和决心，不善于在现实中寻找答案。任何成功者无不凭借自己的努力奋斗，掌控命运之舟，在波峰浪谷中破浪扬帆。

有人说，美国银行大王摩根的手掌上有条成功线，所以他才能够成为一个"银行界的巨子"。但摩根先生却不相信这样的鬼话。他说：

"我在这十多年间，细细观察过自己的亲戚、朋友和职员的手掌，有这根成功线的，不下2000人，但他们的境遇大部分都不太好。假如说，有成功线的人都可以获得成功，为什么这2000多人是例外呢？根据我的观察，在这2000多个有成功线而不能获得成功的人中，有500多个人是懒汉，他们懒惰得什么事也不肯动手。其中至少有300人是傻子，连ABC也读不出正确的读音来！至少有600人想奋发图强，做一点大事，但因为他们的人际关系处理得不好，或者因为他们本身根本没有学过什么专业的技能，或者因为他们刚在这项事业开了头之后受了一点点挫折，中途就放弃了，这样，他们的事业便失败了，而一生也只能在失败中度过！总之，手掌上有成功线的人未必会获得成功，其根源在于他们本身的生理缺陷、技能缺陷和心理缺陷，并不是什么冥冥的主宰使得他们成功或失败的！"

每个人都要努力做命运的主人，不能任由命运摆布自己。像莫扎特、凡·高这些历史上的名人，都是我们的榜样，他们生前都没有受到命运的公平待遇，但他们没有屈服于命运，没有向命运低头，他们向命运发起了挑战，最终战胜了命运，成了命运的主宰。

你为什么要把命运交给别人掌控呢？自己去掌舵，生命才会更精彩。法国著名传记作家莫洛亚写道："我研究过很多在事业上获得成功的人的传记资料，发现了一个现象，就是不管他们的出身如何，他们都有着一个共同点，即永远不向命运低头。在对命运的控制上，他们的力量比命运控制他们的力量更强大，使得命运之神瘫痪无力地向他们低头！"

找到属于你的音符

人生最大的骄傲，不是外来的掌声、名利或权势：掌声会停，名利、权势也不过是暂时的锦上添花且总会成为过眼云烟。倒不如试着学习认识自己的潜能，对自己的言行负责，并在设定方向之后，不畏艰辛，静心、努力、不懈地追寻，一旦真的找着了最能感动自己灵魂的"那一个音符"，必得人生至乐。

俄国戏剧家斯坦尼斯拉夫斯基在排练一场话剧的时候，女主角突然因故不能演出。他实在找不到人，只好叫他的大姐来担任这个角色。他的大姐以前只是干些服装准备之类的事，现在突然演主角，由于自卑、羞怯，排练时演得很差，这引起了斯坦尼斯拉夫斯基的不满和鄙视。

一次，他突然停止排练，说："如果女主角演得还是这样差劲，就不要再往下排了！"这时，全场寂然，受屈辱的大姐久久没说话。突然，她抬起头来，一扫过去的自卑、羞怯、拘谨，演得非常自信、真实。

斯坦尼斯拉夫斯基用《一个偶然发现的天才》为题记叙了这件事，他说："从那以后，我们有了一个新的大艺术家……"

试想，如果不是原来的女主角因故不能演出，如果斯坦尼斯拉夫斯基不叫他大姐试一试，如果不是他大发雷霆使他的大姐受到刺激这些偶然因素，一位戏剧表演家就一定会被埋没了。

科学的门类不同，需要的素质与才能也不同。比如：做一个杰出的临床医生，必须具有很好的记忆力；研究理论物理学，抽象思维能力必不可少；一个数学家没有必要一定具备实际操作、设计和做实验的能力，虽然这种能力对于一个化学研究者来说是必不可少的；而天文学是一门观察科学，需要很好的观察能力、浓厚的兴趣和毅力。

人的兴趣、才能、素质也是不同的。如果你不了解这一点，没能把自己的所长利用起来，你所从事的行业需要的素质和才能正是你所缺乏的，那么，你将会自我埋没。反之，如果你有自知之明，善于自我设计，从事你最擅长的工作，你就会获得成功。

这方面的例子实在是太多了：

阿西莫夫是一个科普作家，同时也对自然科学颇有研究。一天上午，他坐在打字机前打字的时候，突然意识到："我不能成为一个第一流的科学家，却能够成为一个第一流的科普作家。"于是，他几乎把全部精力放在科普创作上，终于成了当代最著名的科普作家。

伦琴原来学的是工程科学，但他在老师孔特的影响下，做了一些物理实验，逐渐体会到，这才是最适合自己干的行业，后来果然成了一个有成就的物理学家。

一些遗传学家经过研究认为：人的正常的、中等的智力由一对基因所决定。另外还有五对次要的修饰基因，它们决定着人的特殊天赋，起着降低或提高智力水平的作用。一般来说，人的这五对次要基因总有一两对是"好"的。也就是说，一般人总有可能在某些特定的方面具有良好的天赋与素质。

汤姆逊由于有一双"笨拙的手"，在处理实验工具方面感到很烦恼，因此他的早年研究工作偏重理论物理，较少涉及实验物理，并且他找了一位在做实验及处理实验故障方面有惊人能力的年轻助手，这样他就避免了自己的缺陷，发挥了自己的特长。

珍妮·古道尔清楚地知道，她并没有过人的才智，但在研究野生动物方面，她有超人的毅力、浓厚的兴趣，而这正是干这一行所需要的。所以她没有去攻数学、物理学，而是到非洲的原始雨林里考察黑猩猩，终于成了一个有成就的科学家。

所以，每一个人都应该努力根据自己的特长来设计自己的目标，量力而行。根据环境、条件，自己的才能、素质、兴趣等，确定主攻方向。不要埋怨环境与条件，应努力寻找有利条件；不能坐等机会，要自己创造条件。从事科学研究的人不仅要善于观察世界，善于观察事物，也要了解自己，挖掘自己的潜能，拨动自己特有的音符。

你的坐标在哪里

现实生活中的人就像夜幕下的星星一样，都在按照自己的轨迹不停运动。然而，对许多人来说，他们生活于人世，却无法找到自己生活的坐标系。他们总是参照别人的标准活着，别人怎么做他都觉得是对的，别人追求什么他也追求什么，以为自己最后肯定会拥抱幸福。

对现实生活中的每一个人来讲，都可能会碰到这样的问题：你发现自己前面无时无刻不在走动着一个导师，他给你指引道路——他告诉你什么是幸福，并帮助你定义成功。

诺贝尔化学奖的获得者奥托·瓦拉赫曾是一个被认为是成才无望的"笨学生"。瓦拉赫在读中学时，父母为他选择了主修文学。不料一个学年结束以后，老师为他写下了这样的鉴定："瓦拉赫很用功，但过分拘泥，这样的人即使有着完美的品德，也很难在文学上有所作为。"无奈之下，父母只好尊重儿子的意见，让他改学油画，可瓦拉赫既不善于构图，又不长于润色，对艺术的理解力也不够敏锐，成绩在班上是倒数第一，得到的评语更是令人难堪："非常遗憾，你在绘画艺术方面所表现的素质令人失望，将来恐怕难有造诣。"

面对如此"笨拙"的学生，绝大部分老师认为他将难有作为。只有化学老师认为他做事一丝不苟、耐性专一，具备做好化学实验应有的品格，建议他试学化学，瓦拉赫接受了化学老师的建议。从此，瓦拉赫的潜能被激活了，智慧的火花迸发出耀眼的光芒，昔日同学眼中的"丑小鸭"终于变成了日后的"白天鹅"。

和奥托·瓦拉赫一样，我们每个人身上都蕴含着一份特殊的才能，只要我们能够找准各自内心的"宝藏"，努力去挖掘，勇敢去尝试，那么，我们就能够取得令人称赞的成绩。每个人出生的时候，上帝都在他的心中放了一块无价之宝。宝贝若是放错了地方便是废物，所以请一定要找到你的长处，经营你的优势，靠自己去搜寻人生的宝藏。

有这样一些颇具才干的人，尽管年逾三十，但仍然没有选择好一生的职业。他们说并不知道自己适合做什么。对这样的人来说，即便才华横溢，也会在漫无目的的东碰西撞中消磨身上的锐气。曾经，有一个年轻人（暂且称他F先生）由于职业发生问题跑来找我。我给你们讲讲与这个年轻人的会见过程。

这位F先生举止大方，聪明，大学毕业已经4年。

我们先谈了有关他目前的工作、受过的教育、背景和对事情的态度，然后我对他说："你找我帮你换工作，你喜欢哪一种工作呢？"

"喔！"F先生说，"那就是我找你的目的，我真的不知道想要做什么？"

我替他联系几个老板面谈，对他没有什么帮助。因为误打误撞的求职法很不聪明。虽然他至少有几十种职业可选择，选出合适职业的机会却并不大。

我这样做希望他明白，找一项职业以前，一定要先深入了解那一行才行。于是我对他说："让我们从这个角度来看看你的计划，10年以后你希望怎样呢？"

F先生深思了一下，最后说："好！我希望我的工作和别人一样，待遇很优厚，并且买一栋好房子。当然，我还没深入考虑过这个问题。"

我对F先生说这是很自然的现象。我对他解释："你现在的情形仿佛是跑到航空公司说'给我一张机票'一样。除非你说出你的目的地，否则人家无法卖给你。"

接下来我又对他说："除非我知道你的目标，否则无法帮你找工作。只有你自己才知道你的目的地。"

这使F先生不能不仔细考虑。接着我们又讨论各种职业目标，谈了两小时。我相信他已经学到最重要的一课：出发以前，必须树立好目标。

人喜欢比较，也容易向那些现在比自己处境好的人看齐。人的惯常思路是"他有什么，我也应该有""他因为有这些东西，所以比我幸福"，而从来不去思考"他真的幸福吗？"这个问题。我们不是别人的克隆品，我们是一个自然而然的自己。即使我们有一天变得高贵变得有钱，我们也还是我们自己。人最大的悲哀就是按照别人给自己设定的方式顺从地度过自己的一生。

要想找到自己的坐标，就必须做到以下几点。

（1）要有确定的目标。只有知道终点所在，才能到达终点，而梦想也才会成真。期待的必须是确定的目标。可惜的是，一般人大多并未具备上述观念，因此很难实现真正的理想。毕竟没有清楚的追求目标，想要至善的结果出现，简直是不可能的事。

（2）要找到自己的强项。任何人如果能对自己的工作、身体及毅力都完全信任，且努力工作、全心投入，那么他就已经找到了自己的强项，无论目标或理想如何遥不可及，他也必能排除万难，达成愿望。

（3）要勤奋。从来没有听说过有什么懒惰闲散、好逸恶劳的人曾经取得多大的成就。只有那些在达到目标的过程中面对阻碍全力拼搏的人，才有可能达到成功的巅峰，才有可能走到时代的前列。对于那些从来不尝试接受新的挑战，从来不迫使自己去从事那些对自己最有利的却显得艰辛繁重的工作的人来说，他们是永远不可能有太大成就的。

（4）要严格要求自己。任何人都应该对自己有严格的要求。他不能一有机会就无所事事地打发时光，他不能够放任自己清晨赖在床上，他也不能只在感到有工作的心情时才去工作。他必须学会控制和调节自己的情绪，不管是处于什么样的心境，他都应当促使自己去工作。

（5）要有远大志向。绝大多数胸无大志的人之所以失败，是因为他们太懒惰了，因而根本不可能取得成功。他们不愿意从事辛苦的工作，不愿意付出代价，不愿意做出必要的努力。他们所希望的只是过一种安逸的生活，尽情地享受现有的一切。在他们看来，为什么要去拼命地奋斗、不断地流血流汗呢？为什么不享受生活并安于现状呢？

（6）要有完善的计划。从某个角度来看，人也是一种商业单位。像那些优秀的企业一样，人也要有自己的计划。你的才干就是你的产品，你必须发展自己的特殊产品，以便换取最高的价值。

找到自己成功的坐标

自我定位是决定人们各自行为方式的重要因素。每个人，无论是聪明或愚蠢，贤良或奸诈，都不会去做一件在当时他认为与自己的身份、年龄、性别、能力以及他本身任何一方面不相宜的事情。就像穿衣服，你会选择和自己年龄、职业相称的服装，讲话时会选择和自己身份相称的词句，甚至外出吃饭也会选择与自己的经济能力相称的场所。

总而言之，每个人都会依照对自己的认知和定位，来决定哪些事可以做，哪些不可以做，或是该怎样去做好一件事情。有一则英国寓言说：

　　有一天，一个国王独自到花园里散步，使他万分诧异的是，花园里所有的花草树木都枯萎了，园中一片荒凉。后来国王了解到：橡树由于没有松树那么高大挺拔，因此轻生厌世死了；松树又因自己不能像葡萄那样结许多果子，也死了；葡萄哀叹自己终日匍匐在架上，不能直立，不能像桃树那样开出美丽可爱的花朵，于是也死了；牵牛花也病倒了，因为它叹息自己没有紫丁香那样的芬芳。其余的植物也都垂头丧气，没精打采，只有顶细小的心安草在茂盛地生长。

　　国王问道："小小的心安草啊，别的植物全都枯萎了，为什么你这小草这么勇敢乐观、毫不沮丧呢？"

　　小草回答说："国王啊，我一点也不灰心失望，因为我知道，如果国王您想要一棵橡树，或者一棵松树、一丛葡萄、一棵桃树、一株牵牛花、一株紫丁香等，您就会叫园丁把它们种上，而我知道您希望于我的就是要我安心做小小的心安草。"

　　当一个人读懂了人生定位的意义时，他至少成功了一半。有了自己的生活方式、思考方式，便不会在别人的思想中无所适从；有了自己明确的人生定位，便不会在意别人挑剔的目光。不同的人有不同的生活方式，你没有必要努力达到他人口中所谓的标准。

　　别人的人生与自己的人生，自然是不同的。自己的人生，掌握在自己的手中，是"传奇的辉煌"还是"人生的悲剧"，全在于自己的定位，若能专心致力于自己的生活，一定会达到期望的效果。如果一个人能够发现自己和别人在学习、生活方式方面的差异，发现自己的长处，让自己有机会依照自己擅长的方式获取知识和技能，那他就不至于在学习上遭遇痛苦或不必要的失败。

　　一个年轻人在逛集市的时候，看见一位老人摆了个捞鱼的摊子，他向有意者提供渔网，捞起来的鱼归捞鱼人所有。这个年轻人一时童心大发，蹲下去捞起鱼来，他一连捞碎了三张网，一条小鱼也未捞到，见老人睐着眼看自己，似乎暗自窃笑，他便不耐烦地说："老板，你这网子做得太薄了，几乎一碰到水就破了，那些鱼又怎么捞得起来呢？"

老人回答说："年轻人，看你也是念过书的人，怎么也不懂呢？当你心中生出意念想捞起你认为最美的鱼时，你打量过你手中所握的渔网是否真有那能耐吗？追求不是件坏事，但是要懂得了解你自己呀！"

"可是我还是觉得你的网太薄，根本捞不起鱼。"

"年轻人，你还不懂得捞鱼的哲学吧！这和众人所追求的事业、爱情、金钱都是一样的。当你沉迷于眼前目标之际，你衡量过自己的实力吗？"

目标越大，可能的失败越大，挫折感也就越强，人生之苦不都是这样吗？也许我们该放弃那些大而美丽的目标，选择伸手可及的目标。人应该务实一点，企望遥不可及的事物，不如把宏大的计划分成几部分，从容易的着手，一步步达到自己的目的。

人生最大的难题莫过于认识你自己。许多人认为自己没有出息，不会有出人头地的机会，理由是"生来比别人笨""没有高等文凭""没有好的运气""缺乏可依赖的社会关系""没有资金"等。而要获得成功就必须正确认识自己，坚信"天生我材必有用"。

爱默生在散文《自持》中如是说：

每个人在受教育的过程当中，都会有段时间确信：嫉妒是愚昧的，模仿只会毁了自己；每个人的好与坏，都是自身的一部分；纵使宇宙间充满了好东西，不努力你什么也得不到；你内在的力量是独一无二的，但是除非你真的去做，否则连你自己也不知道自己真的能做什么。

另外，道格拉斯·玛拉赫也用一首诗表达了他对"定位"的深刻理解：

如果你不能成为山顶上的高松，那就当一棵山乡里的小树——但要当棵溪边最好的小树。

如果你不能成为一棵大树，那就当一丛小灌木。

如果你不能当一丛小灌木，那就当一片小草地。

如果你不能是一只麝香鹿，那就当尾小鲈鱼——但要当湖里最活泼的小鲈鱼。

我们不能全是船长，必须有人也当水手。

这里有许多事让我们去做，有大事，有小事，但最重要的是我们身旁的事。

如果你不能成为大道，那就当一条小路。

如果你不能成为太阳，那就当一颗星儿。

决定成败的不是你尺寸的大小——而在于做一个最好的你。

金无足赤，人无完人。但是每一个来到这个世界上的人都有一个属于他自己的位置，即人生坐标，谁在最短的时间内找到了自己的人生坐标，谁就取得了达到成功的优先权。

积极而正确的评价可以给一个人巨大的前进动力，消极的评价则往往会使人失去奋斗的勇气和生活的乐趣。因此每一个人都要尽可能地把最好的一面挖掘出来，明确定位，做最真实的自己。我们只有做好自己，才能更好地发展和完善自己，才能更好地激励自己和他人。

读懂生命，编织生命的精彩

一个人只有正确地认识到生命的价值，并且努力地去实现它，才能够战胜生命的阻碍和磨难，获得令人瞩目的成就。只有正确认识到生命的意义和价值，才能够实现生命的精彩。

丹麦人芬生没有辜负他来到人世间的 43 年。在托尔斯豪思学校读书时，校长的评语："芬生是个可爱的孩子，但天资低，颇为无能。"中学毕业，他爱上了一位渔家姑娘。正当他做着迷人的幻梦时，他染上了可怕的包虫囊病，心爱的姑娘离他而去。

失恋和疾病引起的屈辱使他下决心开始重新规划自己的人生。他写下座右铭："你一天到晚心烦意乱，必定一事无成。你既然期望辉煌伟大的一生，那么就应该从今天起，以毫不动摇的决心和坚定不移的信念，凭自己的智慧和毅力，去创造你和人类的快乐，只有这样，你的生命才能焕发青春。"

后来，芬生考进了哥本哈根大学医学院，并发誓不学成才绝不回家。毕业后，他毅然辞去了母校的工作，放弃了优厚的薪俸，把毕生精力都集中在医学研究上，并按照自己的人生设计从事了一项造福人类的宏伟事业——研究用光线治病。1893 年，芬生发现红外线能治疗天花。1895 年，芬生又发现紫外线能治疗狼疮。1903 年 12 月 10 日，瑞典斯德哥尔摩第三次举行诺贝尔奖授奖庆典。芬生终于以他"用光线治病"这一医学史上的卓越贡献获得了诺贝尔奖。

生命的宝贵不只在于它只有一次，还在于它完全可以由我们自己设计。每个人都是自己生命的设计师，可以靠自己选择和行动来实现自己生命的精彩。

有一位父亲，他在很小的时候父母就去世了，他成了一名孤儿，孤苦伶仃，一无所有，流浪街头，受尽磨难。最后终于创下了一份不菲的家业，而他自己也已经到了人生暮年，该考虑辞世后的安排了。

这位父亲有两个儿子，他们都很能干，人品也不错。几乎所有的人包括他自己，都认为应该把财产一分为二，平分给两个儿子。但是，在最后一刻，他改变了主意。

他把两个儿子叫到床前，从枕头底下拿出一把钥匙，抬起头，缓慢而清楚地说道："我一生所赚得的财富，都锁在这把钥匙能打开的箱子里。可是现在，我只能把这把钥匙给你们兄弟二人中的一人。"

兄弟俩惊讶地看着父亲，几乎异口同声地问道："为什么？这太残忍了！"

"是，是有些残忍，但这也是一种善良。"父亲停了一下，又继续说道，"现在，我让你们自己选择。选择这把钥匙的人，必须承担起家庭的责任，按照我的意愿和方式，去经营和管理这些财富。拒绝这把钥匙的人，不必承担任何责任，生命完全属于你自己，你可以按照自己的意愿和方式，去赚取我箱子以外的财富。"

兄弟俩听完，心里开始动摇。接过这把钥匙，可以保证你一生没有苦难，没有风险，但也因此而被束缚，失去自由。拒绝它？毕竟箱子里的财富是有限的，外面的世界更精彩，那样的人生充满不测，前途未卜，万一……

父亲早已猜出兄弟俩的心思，他微微一笑："不错，每一种选择都不是最好的，有快乐，也有痛苦，这就是人生，你不可能把快乐集中，把痛苦消散，最重要的是要了解自己，你想要什么。要过程，还是要结果？"兄弟俩豁然开朗。哥哥说："弟弟，我要这把钥匙，如果你同意的话。"弟弟微笑着对哥哥说："当然可以，但是你必须答应我，好好管理父亲的基业，如果你答应我，我就可以放心去闯荡了。"二人权衡利弊，最终各取所需。这样的结局，与父亲先前的预料不谋而合，因为这时候最了解儿子的莫过于看着他们长大的父亲。

二十多年过去了，兄弟俩经历、境遇迥然不同。哥哥虽然生活舒适安逸，但是并没有沉沦，把家业管理得井井有条，性格也变得越来越温和儒雅，特别是到了人生暮年，与去世的父亲越来越像，只是少了些锐利和坚韧。弟弟生活艰辛动荡，几起几伏，受尽磨难，性格也变得刚毅果断。与二十年前相比，相差很大。最苦最难的时候，他也曾后悔过，怨恨过，但已经选择了，已经没有退路，只能一往无前，坚定不移地往前走。经历了人生的起伏跌宕，他最终创下了一份属于自己的事业。这个时候，他才真正理解父亲，并深深地感谢父亲。

每个人的生命都掌握在自己手中。你可以选择平凡，也可以选择挑战，但无论过哪一种生活，都应当对自己的生命负责，充分发挥自己生命的潜能与价值。因此我们要摆正自己的心态，对自己的生命负责，走好人生的每一步，用自己的努力让我们的人生永放光彩。

第六章

拥有宇宙般强大的内心能量

学会心理调控

心理调适就是为你的情绪确定方向。人的一生不可能总是一帆风顺的，在遇到挫折和失败时，适当的心理调控可以帮助我们战胜它们。

杰克逊是一位犹太裔心理学家，第二次世界大战期间，他和全家人都被关押在纳粹集中营里，而且受尽了折磨。没多久，家人不堪忍受纳粹的残酷折磨纷纷离他而去，只留下一个妹妹，两个人相依为命。当时，他的处境也十分艰难，随时面临死亡的威胁。

刚开始的时候他痛苦不堪，难以忍受。后来有一天，他忽然悟出了一个道理：就客观环境而言，我受制于人，没有任何自由；可是，我的自我意识是独立的，我可以自由地决定外界刺激对自己的影响程度。

他认为自己完全有选择如何做出反应的自由与能力。

于是，他靠着各种各样的记忆、想象与期盼不断地充实自己的生活和心灵，不断磨炼自己的意志，让自由的心灵超越了纳粹的禁锢，让自己看到了生命的希望。他的这种行为和手段也影响了其他人，他们之间相互鼓励，一直到战争结束，最后终于重见天日。

杰克逊后来这样写道：每个人都有自己的特殊工作和使命，他人是无法取代的。生命只有一次，不可重复。所以，实现人生目标的机会也只有一次……归根结底，其实不是你询问生命的意义何在，而是生命正在对你质疑，它要求你回答：你存在的意义何在？你只有对自己的生命负责，才能理直气壮地回答这一问题。

杰克逊在生命中最痛苦、最危难的时刻，在精神行将崩溃的临界点，他靠自己的顿悟，不仅挽救了他自己，还挽救了许多患难与共的生命。其关键在于他能通过成功的心理调控，战胜自我，战胜环境，安然度过心理危机。

在日常生活中，当你面临困境时，学会心理调控至关重要。冷静地处理心理压力不是难事，那些在绝境中不惊不慌，保持冷静的人并非天生就有这份能耐，他们也都是在生活中逐渐学会的。每一个人也可从中学到减轻压力的自我心理调节方法。

1. 找到控制压力反应的方法

生活中的压力可能并非来源于所陷入的生活困境，而是来源于我们对这些生活经历所采取的反应。你无法控制生活降临于你头上的打击，但你却能控制自己对待这一打击的态度。所以，在有心理压力时，你一定要做到：不要让压力占据你的大脑。保持乐观是控制心理压力的关键，我们应将挫折视为鞭策我们前进的动力，不要养成消极的思考习惯，遇事要多往好处想，洞察你自己的心声。许多人对一些情形已形成条件反射，不假思索就做出反应。我们应多聆听自己的心声，给自己留一点时间，平心静气地想一想，努力在消极情绪中加入一些积极的思考。

2. 尝试创造一种内心的平衡感

心理学家认为，保持冷静是防止心理失控的最佳方法。而每天早或晚进行 20 分钟的盘腿静坐或自我放松术，则能创造一种内心平衡感。这种屏除杂念的静坐冥想能降低血压，减少焦虑感。有一项研究表明，过度焦虑烦躁的人每天花 10 分钟静坐，集中注意力数心跳，使自己心跳逐渐变缓慢，10 个星期后，他们的心理紧张均有一定程度的减轻。此外，按摩对减轻压力感也非常有效。

3. 懂得平衡你的生活

生活中，经常听见许多人抱怨时间老是不够用，事情也老干不完。这种焦虑和受压感对许多人来说已成为他们生活的一部分。那些为工作或生活疲于奔命的人，并不懂得生活的真正含义。要平衡自己的生活应尝试换个角度想问题，抽空去想一想或回味一下那些令自己快乐的事情。你为琐事而紧张不安、忧心忡忡是无济于事的，你应想个办法来解决这一问题。一个行之有效的方法是把一切都写下来。每天早起 10 分钟，把自己的感受写满 3 页 16 开的纸，事后不要修改，也无须再重读。过一段时间当你把自己的烦恼都表达出来之后，你会发现自己的头脑清醒了，也能更好地处理这些问题了。这种自我交谈的方法能帮助你解决许多问题。

其实，我们在走向成功的道路上，也会面临大大小小的心理压力，我们都应该通过成功的心理调控去掌握自我，战胜自我，迎接前面更为绚丽的风景，让人生处处充满阳光。

如何培养积极的心态

每个人都处在一定的环境之中，长期以来，我们已习惯于认为是环境制约了我们。其实，真正制约我们的并非环境，而是我们的心态。在通往成功的路上，能否有一个良好的心态，直接影响着你最终能否摘取成功的桂冠。

心态一般可分为积极心态和消极心态。积极心态能发挥潜能，能吸引财富、成功、快乐和健康；消极心态则排斥这些东西，夺走生活中的一切，使人终身陷在谷底，即使爬到了巅峰，也会被它拖下来。

积极心态的特点是信心、希望、诚实、爱心和踏实，消极心态的特点是悲观、失望、自卑、虚伪和欺骗。那么，该如何培养自己的积极心态呢？我们不妨从以下几个方面做起：

1. 明确自己的目标

希望、愿望、欲望与预期目标间的差别是迥异的，只有用积极的心态才能使这四者转化为最后的现实。这就要使自己有清晰辨别这四者的能力，这是养成积极心态的第一步，也是必须弄清的准备工作。记住，你的心态是你——而且只有你——唯一能完全掌握的东西。

2. 让自己积极地行动起来

许多人总是等到自己有了一种积极的感受再去付诸行动，这些人在本末倒置。积极行动会引发积极思维，而积极思维会引发积极的人生心态。心态是紧跟行动的，如果一个人从一种消极的心态开始，等待着感觉把自己带向行动，那他就永远成不了他想成为的积极心态者。

3. 在点滴生活中培养自己的积极心态

不需要看早上的电视新闻，你只要瞄一眼权威性报纸的头版新闻就够了，它足以让你知道将会影响自己生活的国际或国内新闻。看看与你的职业及家庭生活有关的当地新闻，不要向诱惑屈服，而浪费时间去看报道别人悲惨故事的详细新闻。在开车上学或上班途中，可听听电台的音乐或自己的音乐带。如果可能的话，和一位积极心态者共进早餐或午餐。晚上不要坐在电视机前，要把时间用来和你所爱的人聊聊天。

4. 具有正确的判断力

建立适合你的生活方式，别浪费时间以免落于他人之后。除非有人愿意以足够的证据，证明他的建议具有一定的可靠性，否则别轻易被他人所影响，因为你可能会因一时大意而被误导，或被当成傻瓜。另外，对于善意的批评应采取接受的态度，而不应采取消极的反应。接受并学习他人对你行为方式的客观评价，利用这些评价做一番反省，并找出应该改善的地方。别害怕批评，你应该勇敢地面对它。

5. 学会感恩，付出真爱

试着感谢你已拥有的生活，因为在这个世界上，并不是人人都可以达到这种水平，很多人还在为生存而挣扎。感恩，还意味着要有爱心和包容心。试着和你曾经不和的人联络，并向他致上最诚挚的歉意。这项任务愈困难，就愈值得去做，因为它可以使你摆脱内心的消极心态。你应承认："爱"是医治生理和心理疾病的最佳药物。爱会改变你体内的化学元素，以使它们有助于你表现出积极心态，爱也会扩展你的包容力。享受爱的最好方法就是付出你自己的爱。

6. 把"不可能"从你的字典里去掉

你要认为你能，然后去尝试、再尝试，最后你发现你确实能。所以，把"不可能"从你的字典里去掉，把你心中的这个观念铲除掉。谈话中不提它，想法中排除它，态度中去掉它、抛弃它，不再为它提供理由，不再为它寻找借口，用"可能"代替它。

7. 把自己看作成功者

当我们开始运用积极的心态并把自己看作成功者时，我们就开始成功了。但我们绝不能仅仅因为播下了几粒积极乐观的种子，就指望不劳而获，我们必须不断给这些种子浇水，给幼苗培土施肥，才会收获成功的人生。

这些培养积极心态的方法，你可以都试一试。也许你日后的成功就得益于其中的某个方法。

调整心态，改变未来

现代社会弥漫着一股浮躁的气息，浮躁几乎成了现代人的一种通病。染上它，我们常常坐立不宁，心不在焉，浅尝辄止，身心俱惫……当我们处于这种心态的时候，我们的气场也多半处于紊乱状态，无法释放我们的正面能量。

内心能量是真实反映人内心深处、意识深层的能量场，与我们的心态密切相关。同一个人在不同的时刻，因为思想、性情、情绪的不同，会有不同的心态。不同的心态也表现出截然不同的气场——或强或弱，或和谐或紊乱，等等。可以毫不夸张地说，人们可以通过改变自己的心态来改变内心能量，进而改变生活和命运。

那么，我们该如何调整心态，开启动力气场呢？

你要知道，获得强大的内心能量有两个重要的前提：一是坚决，二是忍耐。意志坚决而又懂得忍耐的人也会遇到艰难，碰到困苦、挫折，但他绝不会一蹶不振。只有这种心态才能带来超强的气场动力。

电影巨星席维斯·史泰龙曾经非常落魄，身上只剩 100 美金，连房子都租不起。那时候的史泰龙立志当一名演员，他自信满满地到纽约的电影公司应征。因外貌平平及咬字不清，史泰龙总是遭到拒绝……在被纽约 500 家电影公司拒绝之后，史泰龙依然在坚持。不同的是，这次他写了一个剧本。不过，这次也并不容易，他的剧本遭到了 1854 次拒绝！但是，史泰龙还是再次出发了！在被拒绝了 1855 次之后，终于找到一个愿意接这个剧本的公司！但对方却不同意他在电影中演出。史泰龙答应了，他继续坚持，等待机会。

坚持不懈的史泰龙终于成了超级巨星！坚韧是人们在极其艰苦的精神和肉体的压力下仍然能够保持热情的精神，坚韧是一种永不退缩、不达目的誓不罢休的王者精神。拥有这种精神，你的气场就有永远也使不完的动力来源，它会伴你走向成功之路。只要你确定人生的目标，专注于你的目标，那么你所有的思想、行动及意念都会朝着那个方向前进。

美国科学家曾通过研究发现，把一个人一生的能量全部收集起来换算成电能，可以照亮北美大陆一个星期，如果用金钱去衡量，相当于数百亿美金。不要忘了，你是世界的主人，你可以想到更多的办法调整心态，让你的气场爆发。

此刻的你，不妨仔细思考一下：你现在的人生处于什么样的位置？你的心态处于什么样的状态？境遇并不能决定我们的命运，调整心态，你就能改变未来！赶快调动你内心的强大能量，引发你的心态革命吧！

适应一切无法改变的

荷兰阿姆斯特丹有一座 15 世纪的教堂遗址，上面的题词令人终生难忘："事必如此，别无选择。"这几个字令人心痛，却又是人不得不承认的真实处境。

在人的一生中，总有一些事情，虽非心甘情愿，却也无可奈何。正如每一条走过的路径都有不得不这样跋涉的理由一样，每一条要走上去的前途也都有不得不那样选择的原因。逆来顺受是一种无奈，却也是人生的必修课。

生活中总是充满了不可捉摸的变数，如果它给我们带来了快乐，当然是很好的，我们也很容易接受。但事情往往并非如此，有时，它带给我们的会是可怕的灾难，这时如果我们不能学会接受它，而让灾难主宰我们的心灵，那我们的生活就会永远地失去阳光。

心理学家威廉·詹姆士曾说："心甘情愿地接受吧！接受现实是克服任何不幸的第一步。"

汉斯小时候曾和几个小伙伴在密苏里州的老木屋顶上玩，他们爬下屋顶时，在窗檐上歇了一会儿，然后跳了下来。汉斯的左食指戴着一枚戒指，往下跳时，戒指钩在钉子上，扯断了他的手指。

汉斯尖声大叫，非常惊恐，他想他可能会死掉。但等到手指的伤好后，汉斯就再也没有为它操过一点心。有什么用呢？他已经接受了不可改变的现实。

后来汉斯几乎忘了他的左手缺了一根手指。

有一次，汉斯在纽约市中心的一座办公大楼的电梯里，遇到一位男士，汉斯注意到他的左臂由腕骨处切除了。汉斯问他这是否会令他烦恼，他说："噢！我已很少想起它了。我还未婚，所以只有在穿针引线时觉得不便。"

我们每个人迟早要学会这个道理，那就是我们只能接受并适应不可改变的现实。"事必如此，别无选择"，这并非容易的课程。即使贵为一国之君也应该经常提醒自己。英王乔治五世就在白金汉宫的图书室里挂着这句话："请教导我不要凭空妄想，或做无谓的怨叹。"哲学家叔本华曾表达过相同的想法："接受现实是人生的必修课程。"

显然，环境不能决定我们是否快乐，我们对事情的反应反而决定了我们的心情。耶稣曾说："天堂在你心内，当然地狱也在。"

我们都能渡过灾难与悲剧，并且战胜它。也许我们察觉不到，但是我们内心都会有更强的力量帮助我们渡过。我们都比自己想象的更坚强。

已故的美国小说家塔金顿常说："我可以忍受一切变故，除了失明，我绝不能忍受失明。"可是在他60岁的某一天,当他看着地毯时,却发现地毯的颜色渐渐模糊,他看不出图案。他去看医生,了解到残酷的事实:他即将失明。有一只眼差不多全瞎了,另一只也接近失明,他最恐惧的事终于发生了。

塔金顿对这巨大的灾难如何反应呢?他是否觉得:"完了,我的人生完了!"完全不是,令他惊讶的是,他还蛮愉快的,他甚至发挥了他的幽默感。这些浮游的斑点阻挡他的视力,当大斑点晃过他的视野时,他会说:"嗨!又是这个大家伙,不知道他今早要到哪儿去!"完全失明后,塔金顿说:"我现在已接受了这个现实,也可以面对任何状况。"

为了恢复视力,塔金顿在一年内得接受12次以上的手术。他放弃了私人病房,而和大家一起住在大众病房,想办法让大家高兴一点。当他必须再次接受手术时,他提醒自己是何等幸运:"多奇妙啊,科学已进步到连人眼如此精细的器官都能动手术了。"

平凡人如果必须接受12次以上的眼部手术,并忍受失明之苦,可能早就崩溃了。塔金顿却说:"我不愿用快乐的经验来替换这次的体会。"他因此学会了接受,并相信人生没有任何事会超出他的容忍度。面对不可避免的现实,我们还应该学着做到诗人惠特曼所说的那样:"让我们学着像树木一样顺其自然,面对黑夜、风暴、饥饿、意外与挫折。"

一个有12年养牛经验的人说过,他从来没见过一头母牛因为草原干旱、下冰雹、寒冷、暴风雨及饥饿,而会有什么精神崩溃、胃溃疡的问题,也从不会发疯。面对现实,并不等于被动接受所有的不幸。只要有任何可以挽救的机会,我们就应该奋斗。但是,当我们发现情势已不能挽回了,我们就最好不要再思前想后,拒绝面对。

要接受不可避免的现实,唯有如此,才能在人生的道路上掌握好平衡。

如何培养你的抗挫折心态

面对挫折，每个人的态度迥然不同，有人积极，有人消沉，有人陷入苦恼不堪的恶性循环中不能自拔，有人却能迅速从不良状态中跳出来更加奋发进取。可以说，挫折是人生的一块试金石。法国前总统戴高乐说："挫折，特别吸引坚强的人。因为他只有在拥抱挫折时，才会真正认识自己。"

一旦挫折产生，就要敢于正视，而不能怨天尤人；就要冷静地找出产生挫折的原因，并进行客观的分析；就要积极地寻求恰当的方式方法战胜自我。具体来讲，要战胜困难，培养你的抗挫折心态，应该做到下面的几个方面。

1. 靠自己拯救自己

更多的时候，人们不是败给外界，而是败给自己。

有两个人同时到医院去看病，并且分别拍了 X 光片，其中一个原本就生了大病，得了癌症，另一个只是做例行的健康检查。但是由于医生取错了底片，结果给了他们相反的诊断。那一位病况不佳的人，听到身体已恢复，满心欢喜，经过一段时间的调养，居然真的完全康复了。而另一位本来没病的人，看到医生的诊断，内心起了很大的波动，整天焦虑不安，失去了生活的勇气，意志消沉，抵抗力也跟着减弱，结果还真的生了重病。

这则故事，真的是令人哭笑不得，因心理压力而得重病的人是该怨医生还是怨自己呢？乌斯蒂诺夫曾经说过："自认命中注定逃不出心灵牢狱的人，会把布置牢房当作唯一的工作。"以为自己得了癌症，于是便陷入不治之症的恐慌中，脑子里考虑的更多的是"后事"，哪里还有心思寻开心，结果被自己打败。而真的癌症患者却用乐观的力量战胜了疾病，战胜了自己。

俗话说"哀莫大于心死"，绝望和悲观是死亡的代名词，只有挑战自我，永不言败者才是人生最大的赢家。

2. 增加对成功的体验

一个人如果经常遭到挫折，那么他的自信心就会减弱。所以，要多发现自己的长处，多运用自己的优势，做一些自己力所能及的事情，从中取得成功的经验，然后增强自己的自信心，战胜挫折。要变通进取，从挫折中不断总结经验，产生创造性的变迁。补偿是一种有用的变通进取的方式，此处受到挫折，在彼处得到补偿，就像俗语说的，东方不亮西方亮，旱路不通水路通。碰上挫折，胸怀宽广些，给自己留的余地大一些。

3. 把挫折当作难得的人生考验

在真正坚强的人眼里，挫折不是一种打击，而是一次考验，一次磨砺的机会。因为他们清楚在挫折的后面，正是自己苦苦追求的目标。这种人在挫折降临之后，首先会用他冷静、理智的头脑，认真分析挫折产生的原因及眼前的处境，审时度势。例如，原来确定的目标是否恰当、客观条件是否成熟、操作方法是否正确、自己努力的程度是否足够？在分析过程中发现合理的因素，在挫折中看到希望，然后满怀信心地、自觉地促进挫折向好的方面转化，最终战胜挫折，走向成功。

眼睛向着理想，脚步踏着现实，努力朝着目标前进。当遇到困难时，你应该暗暗对自己说：这正是考验我的时候，正是体现我生命本色的时候。对于那些无法实现的目标，可以用新的目标来代替。只要你不服输，失败就不是定局。

4. 树立正确的人生观

诺贝尔生物奖的获得者、法国微生物学家巴斯德在青年时代就已经正确地认识到了立志、工作、成功三者之间的关系，他说："立志是一件很重要的事情。工作随着志向走，成功随着工作来，这是一定的规律。立志、工作、成功是人类活动的三大要素。立志是事业的大门，工作是登堂入室的旅程，旅程的尽头有个成功在等待着，来庆祝你的努力结果。立志的关键，是要树立正确的人生观。"

拥有正确的人生观、世界观，拥有远大理想，并且能用正确的积极的眼光去看社会看生活的人，往往更能够承受挫折带来的影响。

5.培养自信心与意志力

一个人若对自己丧失了信心，他就会失去前进的勇气。在挫折面前，要做最好的准备，做最坏的打算，对前景要抱有积极乐观的态度，相信"冬天已经来了，春天还会远吗"。只要不失去信心，不丧失意志力，就没有失败，就有逆境转顺的机会，就会看到希望之光。因此要经常给自己打气，鼓励自己。平时应该多参加一些竞赛的活动，大胆地表现自己，抱着积极参与的精神，不斤斤计较眼前的得失。

6.学会适当发泄

把痛苦和忧伤埋在心里，会给人带来一种沉重和压抑的感觉。如果能将这种感觉向亲朋好友痛快淋漓地倾诉出来，得到他们的关心和慰藉，或者通过剧烈运动，把某些无用的东西当作泄愤的对象，那么过后心情会舒畅许多。但必须注意不能采用不正当的宣泄方式，否则会造成不良的后果，适得其反。

第七章

幸运之神常眷顾勇者

用勇气刺穿恐惧的黑暗

许多人简直对一切都怀着恐惧之心：他们怕风，怕受寒；他们吃东西时怕有毒；他们经营商业时怕赔钱；他们怕人言，怕舆论；他们怕困苦的时候到来，怕贫穷，怕失败，怕收获不佳，怕雷电，怕暴风……他们的生命，充满了怕，怕，怕！

当心态和思想随着恐惧而起伏不定时，干任何事情都不可能发挥功效。在实际生活中，真正的痛苦其实并没有想象中那么大。那些使我们未老先衰、愁眉苦脸的事情，那些使我们步履沉重、面无喜色的事情，实际上并没有发生。

恐惧消耗人们的精力，损害和破坏人们的创造力。心存恐惧的人是无法充分发挥其应有的才能的，他只会使自己无法做到最好。如果处境困难，他就会束手无策，焦虑不安。这时，就需要拿起勇气的利剑，刺穿恐惧的黑暗。

勇气是一切时代伟大奇迹的创造者。无论你需要什么，首先要把它置于勇气之中。不要问怎么办、为什么或什么时候，而一定要全力以赴，一定要有勇气。

在 19 世纪 50 年代的美国，有一天，黑人家里的一个 10 岁的小女孩被母亲派到磨坊里向种植园主索要 50 美分。

园主放下自己的工作，看着那黑人小女孩敬而远之地站在那里，便问道："你有什么事情吗？"黑人小女孩没有移动脚步，怯怯地回答说："我妈妈说想要 50 美分。"

园主用一种可怕的声音和斥责的脸色回答说："我绝不给你！你快滚回家去吧，不然我用锁锁住你。"说完继续做自己的工作。

过了一会儿，他抬头看到黑人小女孩仍然站在那儿不走，便掀起一块桶板向她挥舞道："如果你再不滚开，我就用这桶板教训你。好吧，趁现在我还……"话未说完，那黑人小女孩突然像箭镞一样冲到他前面，毫不畏惧地扬起脸来，用尽全身气力向他大喊："我妈妈需要 50 美分！"

慢慢地，园主将桶板放了下来，手伸向口袋里摸出 50 美分给了那黑人小女孩。她一把抓过钱去，然后像小鹿一样推门跑了。园主目瞪口呆地站在那儿回顾这奇怪的经历——一个黑人小女孩竟然毫无惧色地面对自己，并且镇住了自己，在这之前，整个种植园里的黑人似乎还从未敢想过。

"跟生活的粗暴打交道，碰钉子，受侮辱，自己也不得不狠下心来斗争，这是好事，使人生机勃勃的好事。"正是勇气的支撑，使身体单薄的小女孩选择了抗争。"应当惊恐的时候，是在不幸还能弥补之时；在它们完全不能弥补时，就应以勇气面对它们。"

在著名女作家乔治·艾略特的生活之中，人们终于知道了她为什么没有与赫伯特·斯宾塞结婚。那不是她的错，因为她非常爱他，非常想与他结婚。他们有很多共同之处，他也追求她很多年，很多人都以为他们将要结婚。

有一天，斯宾塞用抛硬币来决定是否结婚，如果是正面就结婚，如果是反面就不结婚。结果硬币是反面，他决定不结婚。这个决定虽然称不上残酷，却有点草率。当然，这也深深地伤害了艾略特，因为她深深地爱着他，也期待着他的爱。她很痛苦。

在心碎数月之后，她写信给一位朋友说："我很好，很'勇敢'，我本来想把这个词换成'快乐'的。"当然，她也是幸运的，如果她自己有所察觉的话。斯宾塞冷酷、无情而又易怒。如果他们结婚，她所受到的痛苦可能更大，更不用说斯宾塞常年有病了。

实际上，这可以称得上是一种幸运的解脱方式。斯宾塞的个性僵硬，很多人认为他的哲学也是僵硬的。毕竟，离艾略特而去的是一个居然会用抛硬币来决定自己终身大事的家伙。斯宾塞这样的行为说明，如果不是出于自私，则肯定是他的心理有问题。由于斯宾塞一生未婚，可以说，对其他女性来说，也是幸运的。

当我们知道"勇气"可以代替"快乐"时，我们是幸运的，因为它揭示了生活中的一个事实。虽然我们失去了一些东西，但是，我们同时也有所得。快乐是不可捉摸的，在我们的面前忽隐忽现。当我们追寻她时，她却不在那里，我们必须费尽心思去寻找她，她是非常害羞和狡猾的。

恐惧虽然阻碍着人们力量的发挥和生活质量的提高，但它并非不可战胜。只要人们能够积极地行动起来，在行动中有意识地纠正自己的恐惧心理，那它就不会再成为我们的威胁了。

正像乔治·艾略特面对失恋的痛苦一样，伟大的胸怀应该表现出这样的气概——用笑脸来迎接悲惨的厄运，用百倍的勇气来应对一切的不幸。勇气在哪里，成功就在哪里；勇气在哪里，生命就在哪里。在勇气的天空下，我们才能美丽地活着……

成功的原则是掌握主动

决定我们命运的不是环境，而是心态。无论身处什么样的环境，一旦养成了消极被动的工作态度和习惯，人就很容易不思进取、目光狭隘，慢慢地丧失活力与创造力，忘记了自己当初信誓旦旦的人生信条与职业规划，最终走向好逸恶劳、一事无成的深渊。而最可怕的是生活态度的消极，工作上的消极、失败与无望，这些必然会对人产生非常可怕的负面影响。想想看，一个人消极地面对世界，满眼的灰色，为周围的朋友、同事所不屑，该是多么的可悲！

环境怎样是好？怎样是坏？标准并不在环境本身，而在于人如何自处：置身其间，不迷失自己，保持积极主动的精神，这样的环境再"坏"也是好环境，反之，再"好"的环境也是坏环境。环境对人确实有一定的影响，而最关键的还是人自身，顺境或逆境都不能成为消极被动的借口。

1940年10月，贝利生于巴西古拉斯州的一个小镇。

在巴西，男孩子要做的第一件事就是踢球。贝利很小的时候便和小伙伴们玩起了足球。贝利与其伙伴们都是贫穷人家的孩子，他们买不起球。但困难没有阻挡他们踢球的爱好，于是他们就自己做了一个：先找一只最大的袜子，塞满了破布或旧报纸，然后把它尽量按成球形，最后在外面用绳子扎紧。他们的球越踢越精，球里面塞的东西也越来越多，越来越重。一个男子汉夏天不穿袜子照样可以走路，可是到了冬天，贝利他们仍然没有袜子穿。他们只是这样想：有了东西当球踢，这是多么快乐的事啊！

7岁那年，贝利的姑姑送给他一双半新的皮鞋。他把这双鞋当成了宝贝，只有星期日上教堂时才舍得穿，穿上它让贝利感到很神气。他永远不会忘记这双鞋，因为有一天他穿了它踢球，结果鞋子就给踢坏了，为这还挨了妈妈的罚。他本来只是想知道穿着鞋踢球是什么滋味。

也就是从7岁起，贝利经常去体育场，一边看球，一边替观众擦鞋。球赛结束后爸爸来接他时，他已经赚了不少钱！他们手拉手地回家，父子俩都是有收入的人了！

贝利8岁时进入包鲁市的一所学校学习。他仍然光着脚踢球，不论严冬，还是酷暑。他的球技在这日复一日的磨炼中已经让许多大人刮目相看了。就在这之后不久，人们就见识到这个孩子精彩绝伦的球技了。

从球王贝利的成长故事中，我们可以看到这样一个道理：决定我们命运的不是外在的环境、条件，而是我们自身的奋斗。只有不被环境摆布，掌控人生主动权的人才配拥有胜利的光环。环境如何并不能成为消极被动的借口。一味把责任推给环境，一个人一旦养成了这种消极的习惯，那么处于顺境便盲目满足、放弃努力，遇到成功便自我满足、停滞不前；处于逆境便轻易退缩、灰头土脸，遇到困难便轻言放弃、怨天尤人。

我曾经说过："我的成功原则就是主动。在任何行业里，能达到自己主要人生目标的每一个人，都必须运用这项原则。它之所以十分重要，是因为没有一个人的成功，能够不借助于它的力量。你可以称之为'主动'的原则。研究一下任何一位被视为确实有所成就的人，你会发现，他们都有一个明确的主要目标，也有一个完善的计划以达到目标，他的大部分心思和努力，都投注在如何主动去达到这一目标上。"

多数人之所以把自己的生活弄得一团糟，没能获得成功，至少部分原因是他们不能够正确地看待自己，他们对自己往往抱有一种消极悲观的态度。记住，"人是他自己最可恶的敌人"。

有些人虽然有目标和理想，而且努力工作，但是最终仍然失败了；有些人希望做些有创造性的事，偏偏无所表现。为什么？问题或许就出在他自己的内心。

每个人的内心都有一个属于自己的小宇宙，当我们有了某种决心，并且相信它会变为现实时，我们小宇宙里的所有力量就会动起来，而把自己的决心推向实现目标的方向。在不经意的某一天，你会发现，理想真的成为现实了。回头看一看，这些都是当初你自己的选择，重要的是那种认为你行的念头一直在支撑着自己，从而改变并影响着自己的行为。

但是你还是你，这仍然是你自己的选择，也是你自己的能力，只是你将这种能力表现出来，就像将深深沉睡在地下的矿藏挖掘出来一样，它本是属于你的，关键在于你是否知道自己有，是否相信只有自己才是命运的决定者。

勇气在，就没有失败

每个人都有一大堆的愿望，一堆的想当然，正是这些自造的想法，影响他们做出选择，这就是缺少勇气。他们因为恐惧而害怕选择自己认为不可能的愿望，因此也错过了成功机会。

人生，不论到了哪一步境地，只要你还有勇气向成功挑战，你就还没有失败。所谓失败，都可以算作你的宝贵经验，是可以创造财富的。所以，只要勇气还在，你就未败。

1865 年，美国南北战争结束了。一名记者去采访林肯，他们有这么一段对话：

记者："据我所知，上两届总统都曾想过废除农奴制，《解放黑奴宣言》也早在他们那个时期就已草就，可是他们都没拿起笔签署它。请问总统先生，他们是不是想把这一伟业留下来，让您去成就英名？"

林肯："可能有这个意思吧。不过，如果他们知道拿起笔需要的仅是一点勇气，我想他们一定非常懊丧。"

记者还没来得及问下去，林肯的马车就出发了，因此，记者一直都没弄明白林肯的这句话到底是什么意思。

直到 1914 年，林肯去世 50 年了，记者才在林肯致朋友的一封信中找到答案。在信里，林肯谈到幼年的一段经历：

"我父亲在西雅图有一处农场，农场里有许多石头。正因如此，父亲才得以用较低的价格买下它。有一天，母亲建议把上面的石头搬走。父亲说，如果可以搬走的话，主人就不会卖给我们了，它们是一座座小山头，都与大山连着。

"有一年，父亲去城里买马，母亲带我们到农场劳动。母亲说，让我们把这些碍事的东西搬走，好吗？于是我们开始挖那一块块石头。不长时间，就把它们弄走了，因为它们并不是父亲想象的山头，而是一块块孤零零的石头，只要往下挖 0.3 米，就可以把它们晃动。"

林肯在信的末尾说，有些事情人们之所以不去做，是因为他们认为不可能。而许多不可能，只存在于人们的想象之中。

如果你有一个不可战胜的灵魂，那么无论在你身上发生什么事，无论面前有多么大的困难，都无法影响到你。当你意识到自己正在从伟大的造物主那里获得源源不断的能量时，能真正影响到你的事情根本没几件。因为，无论什么事情降临在你身上，你都可以保持内心的平静。

那些成功的人,如果当初都在一个个"不可能"面前,因恐惧失败而退却,放弃尝试的机会,则不可能有所谓成功的降临,他们也将成为平庸之辈。没有勇敢的尝试,就无从得知事物的深刻内涵,而勇敢做出决断了,即使失败,也由于有对实际痛苦的亲身经历,而获得宝贵的体验,从而在命运的挣扎中,越发坚强,越发有力,越接近成功。

20世纪初,有个爱尔兰家庭想移民美洲。他们非常穷困,于是辛苦工作,省吃俭用三年多,终于存够钱买了去美洲的船票。当他们被带到甲板下睡觉的地方时,全家人以为整个旅程中他们都得待在甲板下,而他们也确实这么做了,仅吃着自己带上船的少量面包和饼干充饥。

一天又一天,他们以充满嫉妒的眼光看着头等舱的旅客在甲板上吃着奢华的大餐。最后,当船快要停靠爱丽丝岛的时候,这家其中一个小孩生病了。做父亲的找到服务人员说:"先生,求求你,能不能赏我一些剩菜剩饭,好给我的小孩吃?"

服务人员回答:"为什么这么问?这些餐点你们也可以吃啊。"

"是吗?"这人说,"你的意思是说,整个航程里我们都可以吃得很好?"

"当然!"服务人员以惊讶的口吻说,"在整个航程里,这些餐点也供应给你和你的家人,你的船票只是决定你睡觉的地方。并没有决定你的用餐地点。"

不甘平凡,勇敢地挑战自我、挑战潜能,下定决心,铁了心去做。你可能面对不同的局面,但必须时刻记住:要为梦想去奋斗,你有信心获得成功,你就能成功。

这是因为你体内有一股巨大的潜能。你勇敢,困难便退却;你懦弱,困难就变本加厉地欺负你。你勇敢,就可能成功;你懦弱,肯定会失败。

害怕风险会错失机遇

如果你人生的牌在众人之中处于下风，这个时候，你该怎么办？其实很多人都会遇到这样的情况，情势在所难免，你必须抓住那些在你面前一闪而过的机会。

你需要记住的是，任何机遇都会有风险存在，千万记住，不要因为害怕风险而放弃机遇，敢于冒险，你才能在人生的赌局中打个翻身仗。

1921年的苏联，经历了内战与灾荒，急需救援物资，特别是粮食。哈默本来可以拿着听诊器，坐在洁净的医院里，不愁吃穿地安稳度过一生。但他厌恶这种生活，在他眼里，似乎那些未被人们认识的地方，才是值得自己去冒险、去大干一番事业的战场。他做出一般人认为是发了疯的抉择，踏上了被西方描绘成地狱般可怕的苏联。

当时，苏联被内战、外国军事干涉和封锁弄得经济崩溃，人民生活十分困难，霍乱、斑疹、伤寒等传染病和饥荒严重地威胁着人们的生命。列宁领导的苏维埃政权制定了重大的决策——新经济政策，鼓励吸引外资，重建苏联经济。但很多西方人士对苏联充满偏见和仇视，把苏维埃政权看作可怕的怪物。到苏联经商、投资办企业，被称作"到月球去探险"。

哈默成了第一个在苏联经营租让企业的美国人。此后，列宁给了他更大的特权，让他负责苏联对美贸易，哈默成为美国福特汽车公司、美国橡胶公司、艾利斯—查尔斯机械设备公司等30多家公司在苏联的总代表。生意越做越大，他的收益也越来越多，他存在莫斯科银行里的卢布数额惊人。

经常有人向哈默请教致富的"魔法"。他们坚持认为：哈默发大财靠的不仅是勤奋、精明、机智、谨慎之类经商应有的才能，一定还有"秘密武器"。

在一次晚会上，有个人凑到哈默跟前请教"发家的秘诀"，哈默皱皱眉说："实际上，这没什么。你只要等待俄国爆发革命就行了。到时候打点好你的棉衣尽管去，一到了那儿，你就到政府各贸易部门转一圈，又买又卖，这些部门大概不少于两三百个呢！"听到这里，请教者气愤地嘟哝了几句，转身走了。

第一次冒险使哈默尝到了巨大的甜头。于是，"只要值得，不惜血本也要冒险"，成了哈默做生意的灵魂。

冒险就是抓住一个机遇，希望生活得更好，不管改变的是生活形态、你的性格或是人际关系。要想成功就要冒险，不然，没有人愿意漂泊天涯，也没人会去开创新事业。如果你从不冒险一试，那你一生也不过随波逐流，随时等着大风大浪来把你击垮。

冒险具有一定的危险性，但是想改变现状，就必须把冒险作为一生中的重要手段。抓住机遇是件很不容易的事情，也不是每个人想做就能做到的事情。正因为如此，冒险才显得那么重要，冒险也才有冒险的价值。

抓住机遇也像一切冒险一样，你必须先放弃事前不确定的输赢，去探取你没有一定把握的下一步。纽约一个大美术商劳埃德便极具冒险精神。

1938 年 3 月，德国军队越过了奥地利边境，劳埃德赶在希特勒到达维也纳之前，带着 10 美元辗转到伦敦，并于 1948 年创立了"马尔伯勒高雅艺术陈列室"。其主要向英国许多显赫的家族出售其收藏的艺术珍品，后来经营现代派的绘画作品买卖。短短 6 年他就成为现代派美术作品最大的出口代理商。他的买主中，包括教皇保罗六世。

劳埃德对美术作品兴趣不大，只关心通过作品的买卖赚大钱。所以，他采取了纯商业式交易和职业化的处理，其作品大部分都是代销的，美术馆只在生意结束后收取佣金。但美术馆除了场地以外，还提供广告、推销、邮寄、保险和运输等全套服务。所以美术家对劳埃德的服务是满意的，他们的作品在这里不仅可以卖到最高价，而且不管销售情况如何，美术馆都给予他们稳定的生活津贴，以至于各国的画家都愿意同他们来往。

这家美术馆已成为一个世界美术界的超级大鳄，它在苏黎世、罗马、东京、伦敦、多伦多、蒙特利尔都设有分馆，每年的销售总额为 2500 万美元，占世界美术品市场的 5%—10%。

仅仅从劳埃德这种无所顾忌地将风险带到美术品市场的行为上，足以看出犹太美术商独具一格的眼光和魄力。

世界上的机遇多多，但几乎每一个机遇都存在一定的风险，机会和风险并存，想抓住机会就必须冒险。想要成功，千万不要因为害怕冒险而放弃机遇。

做机遇面前的强者

机遇与我们的生活，与我们的事业密切相关。在商业活动中，对时机的把握甚至完全可以决定你的成就。而胆识却是把握时机的一种手段，是让机遇变为财富的一种方法。哈默与威士忌酒的故事，就是机遇与胆识创造巨额财富的故事。

哈默一生中最活跃的 25 年是 1931 年从苏联回国后开始的。在这 25 年里，他得心应手，在他产生兴趣的任何行业里都取得了成功。除了从事艺术品的买卖，他还做过威士忌和牛的生意，从事过无线电广播业、黄金买卖以及慈善事业。有些时候，他像杂技演员玩球那样，同时玩几个或者所有的球。

　　当富兰克林·罗斯福正在逐渐走近白宫总统宝座的时候，哈默的眼睛虽然盯在销售自己的艺术品上面，可是他的耳朵却在倾听来自四面八方的消息，他听到一个清晰的信号，一旦"新政"得势，禁酒法令就会被废除，为了满足全国对啤酒和威士忌酒的需要，那时将需要数量空前的酒桶，而当时市场上没有酒桶。

　　自从 1920 年实行禁酒法以来，市面上很少需要酒桶。可是现在情况不同了，到处都嚷嚷着要酒桶，特别是要用经过处理的白橡木制成的酒桶供装啤酒和威士忌酒使用。哈默博士非常清楚什么地方可以找到制作酒桶用的桶板。

　　除了苏联还能到哪里去找呢？他在苏联住了多年，清清楚楚地知道苏联人有什么东西可供出口。他订购几船桶板，当货轮抵达时，他发现对方没有执行订货合同，他们运来的不是成型的桶板，而是一块块风干的白橡木木料，需要加工才能制成桶板。但哈默只是短时间里感到有些沮丧，他在纽约码头苏联货轮靠岸的泊位上设立了一个临时性的桶板加工厂。酒桶从生产线上滚滚而出之时，恰好赶上废除禁酒法令的好时机。这些酒桶被那些最大的威士忌和啤酒制造厂以高价抢购一空。

　　总结起来，哈默的富有得益于他的非凡的胆识和善于捕捉机遇的独到的眼光。面对机遇，强者和弱者，总有不同的态度，前进还是退缩，决定了能否成功，也决定了人生的高度。

　　每个人都应该做机遇的强者，活得主动，活得强悍，才能活出自我。

第八章

时间是最昂贵的稀有商品

做一个珍惜时间的人

人的一生是一个不间断的过程，如果把人有限的一生比作一个线段，那么它是以时间为刻度表现出来的。客观来说，人人每天皆有 24 小时的光阴。有人一事无成，也有人极其自然地完成众多工作。把握人生，必先把握时间。那么如何利用时间这种资源呢？

首先要把时间看成可运用的东西。扣掉睡眠和用餐等生理时间、上班时间、通勤时间之后，你或许觉得个人时间所剩无几。不过切勿断言"情况果真如此"，还请仔细反省一番。你是否在浪费光阴？譬如发呆似的守在电视机前，由于懒得关掉节目就一直观赏下去——你有没有这样的经验呢？事后只觉脑袋空空。这种情况之下，毫无疑问地你是在浪费时间。

其次，如果集中专注于某项工作，就可避免浪费光阴。主动活用时间是很重要的。要把时间当作完成工作、享受休闲、充实人生的重要资源妥善掌握。从"无"到"有"的观念转变乃是创造时间的积极条件。

倘能扭转观念，就连那些成天叫嚷时间不够的人，也会发现 5 分钟或者 10 分钟的零碎光阴迎面而来。尽管一日当中忙里偷闲只能赚一两个钟头的时间，然而日积月累下来成果就相当可观了。

时间运用的重要原则之一就是在我们处理事务时，应按事情的轻重缓急去处理。时间问题研究专家阿兰·拉肯，在时间调度方面有很多珍贵的经验。在制订计划前，他把要处理的事情进行分类，最重要的定为 A 类，次要的定为 B 类，再次的定为 C 类，并将每天的工作也按重要程度分成三类，着力于 A 类工作，不为 C 类工作耗费过多时间。

他认为，如果长期坚持下去，有可能在半年中干完几年的事。这位时间专家在运筹时间上，讲究科学、实效，他给自己总结了 61 条省时的经验，很有参照价值。现择要介绍几种。

（1）珍惜每一分钟。把所有的时间都当作有用的时间，努力从每一分钟中得到满足，但并不一定要干什么事情。尽量去喜欢自己正在干的一切事情，永远做乐观主义者，相信自己会成功。从不把时间浪费在为失败而后悔上，也从不把时间浪费在懊悔没有去做哪件事上。时时提醒自己："要干重要的事情总是会有足够的时间的。"如果认为某件事情是重要的，就想法找时间去干。先干重要的事，而且要尽量干得更机智而非干得更辛苦。特别要努力干 A 类事，而不是 B 类和 C 类事。对大的项目，要从收益最大的部分开始，而后你会常常发现没有必要再做其余的部分。要使自己有足够的时间投身于重要的工作。

（2）每月修订一次自己的人生目标。每天重温自己制订的目标，并用每天的行动去接近这个目标。在办公室里应放上自己对人生目标的陈述，借此提醒自己。即使是在干一件最小的事，心中也不忘那个长期的目标。在每天早晨就进行计划，安排好一天工作的轻重缓急。每天都有一张当天要做哪些事的清单，并将它们按重要程度排列，然后尽可能一有时间就去干最重要的工作。在每月事先安排的工作计划中，应使自己除了能为"烫手"的项目留出额外的时间外，还能使工作有所变化并保持平衡。养成好习惯，按照"任务清单"的顺序干，绝不跳过困难的工作。为自己定下工作的最后期限。

（3）每天都努力找出一种新的节约时间的方法。读书用跳读的方法，搜索书中的要点。口袋里放上些卡片，以便随时做些简短的笔记和记录下头脑中的一些想法。培养长时间地、聚精会神地干一件事情的能力，在同一时间内只集中精力干一件事。将精力集中投入具有最好的长期效益的项目。平时保持桌面的整洁，以便于工作。把最重要的文件放在桌子的正中央，使所有的物品都各得其所，这样就把找东西的时间减少到最低限度。时时地问自己："此刻，有什么我利用时间的最佳方式？"

（4）永远放弃"等候时间"。检查自己的旧习惯，看看是否有需要杜绝或加以改进的地方。如果不得不等什么，就把它当作"时间的礼物"，用它来休憩，或去做一些本来不会去做的事情。当问自己"如果我不干这件事，会发生什么可怕的事情吗？"时，如果得到的答案是不会，就不要去干。注意尽量不去浪费自己的时间。当完成了重要的工作时，让自己休息一下，当作对自己的特别奖赏。

阿兰·拉肯在长期实践中总结而成的时间高效运行方法，可行而实用，我们每个人都能创造适合自己的提高时效的方法，充分开发时间的价值。

善用零碎时间

争取时间的唯一方法是善用时间。把零碎时间用来从事零碎的工作，从而最大限度地提高工作效率。比如在车上时，在等待时，可学习，可思考，可简短地计划下一个行动，等等。充分利用零碎时间，短期内也许没有什么明显的感觉，但经年累月，将会有惊人的成效。

"世界上真不知有多少可以建功立业的人，只因为把难得的时间轻轻放过而默默无闻。"滴水成河。用"分"来计算时间的人，比用"时"来计算时间的人，时间多 59 倍。可能你很重视零碎时间，但你并不一定掌握利用这些时间的方法。

按照下述方法掌握你的时间，你会发现你的工作变得更有效率了。

1. 嵌入式

即在空白的零碎时间里加进充实的内容。人们由某种活动转为另一种活动时，中间会留下一小段空白地带，如到某地出差时的乘车时间、会议开始前的片刻、找人谈话时的等候时间等。对这种零碎的空余时间应该充分加以利用，做一些有意义的事情。

1849 年，恩格斯从意大利的热那亚坐船去英国。一路上，船上的旅客大多数在无聊地饮酒作乐，消磨时光。恩格斯却一直待在甲板上，不时地往本子上记录太阳的位置、风向及海潮涨落的情况。原来，他利用乘船时机正在研究航海学。

2. 并列式

即在同一时间里做两件事。例如做饭时、散步时、上下班的路上，都可以适当地一心两用。不少人在下厨房做饭时，仍能考虑工作问题，有的还准备好笔和纸，一边干活，一边构思，对工作有什么新的想法，马上就记录下来。

英国文学史上的著名女作家艾米莉·勃朗特在年轻的时候，除了写作小说，还要承担全家繁重的家务劳动，例如烤面包、做菜、洗衣服等。她在厨房劳动的时候，每次都随身携带铅笔和纸张，一有空隙，就立刻把脑子里涌现出来的想法记下来，然后继续做饭。

3. 压缩式

即延长自己某次活动的时间，把零碎时间压缩到最低限度，使一项活动尽快转为另一项活动，免去很长的过渡时间。

一位历史学家曾经说道："好些年总想找个比较长的完整时间写东西，可是总等不来，可以利用的时间也就轻易地滑溜过去了；如今一有时间就写，化零为整，将许多零碎时间妥善地利用起来，不就是一个大整数？这笔账过去不会算，现在想想，真是蠢得可以。"

亨利·福特说："据我观察，大部分人都是在别人荒废的时间里崭露头角的。"我们每天都有许多时间在等待中度过，等车、等人、排队缴费等，认真算起来，你会发现平均每天光是用在等待上的时间就不下 30 分钟。而一般人以为那只是短暂的而忽略掉，于是每天把不少的片段时间白白地浪费了。

等待的时间总是难过的，尤其是赶时间的时候，一切如慢动作般进行，你会觉得世界上仿佛只有自己在焦急似的，非常难熬。如果能学会充分利用等待的时间，不仅对你知识的增加、事业的成就，而且对你良好性格和情绪的维护都有莫大益处。

世界上许多有成就的人都非常注重余暇时间的价值。

一天，生病的达尔文坐在藤椅上晒太阳，面容憔悴，精神不振。一个年轻人路过达尔文的面前，当他知道面前这位衰弱的老人就是写了著名的《物种起源》等作品的达尔文时，不禁惊异地问道："达尔文先生，您身体这样衰弱，常常生病，怎么能做出那么多事情呢？"达尔文回答说："我从来不认为半小时是微不足道的很少的一段时间。"

的确，达尔文非常珍惜时间，他曾在给苏珊·达尔文的信中说："一个会白白浪费一小时的人，就不懂得生命的价值。"

美国著名作家杰克·伦敦从来都不愿让时间白白地从他眼皮底下溜过去。睡觉前，他默念着贴在床头的小纸条；第二天早晨一觉醒来，他一边穿衣，一边读着墙上的小纸条；刮脸时，镜子上的小纸条为他提供了方便；在踱步、休息时，他可以到处找到激发创作灵感的语汇和资料。不仅在家里是这样，外出的时候，杰克·伦敦也不轻易放过闲暇的一分一秒。出门时，他早已把小纸条装在衣袋里，随时都可以掏出来看一看，想一想。

有人算过这样一笔账：如果每天临睡前挤出15分钟看书，假如一个中等水平的读者读一本一般性的书，每分钟能读300字，15分钟就能读4500字，一个月是126000字，一年的阅读量可以达到1512000字。而书籍的篇幅从60000字到100000字不等，平均起来大约75000字。每天读15分钟，一年就可以读20本书，这个数目是可观的，远远超过了世界上人均年阅读量。

爱因斯坦曾组织过享有盛名的"奥林比亚科学院"，每晚例会，与会者总是手捧茶杯，边饮茶，边议论，后来相继问世的各种科学创见，有不少产生于饮茶之余。现在，茶杯和茶壶已被列为英国剑桥大学的一项"独特设备"，以鼓励科学家们充分利用空余时间，在饮茶时沟通学术思想，交流科技成果。

凡在事业上有所成就的人，都有一个成功的诀窍：变"闲暇"为"不闲"，也就是不偷清闲，不贪逸趣。你要想获得成功，就必须学会如何善用零碎时间。

追求时间的最大成果

时间不是不够用，而是我们不知道如何有效利用。大家总是说，做过的事可以弥补，明天也许更好，以致忽略了时间的可贵。

富兰克林曾经说过，"时间就是金钱"。可是，若以此来衡量时间，我们会发现，昨日就像一张作废的支票，我们对其无能为力，而明天又像是一张借条，不可信赖。因此，唯一可以动用的"现金"，就是宝贵的今天。

因此，要想正确投资，以确保未来的丰硕成果，分析、计划、行动，三个步骤缺一不可。

1. 分析

想要知道时间是如何用掉的最好方法就是：用心观察自己的日常作息，准备一本记事本，详细记录一周的活动。每一天（包括周末）都按时划分，每完成一件工作，就在记事本上写下完成事项和所花费的时间。然后，留意你自己对时间利用状况的感受：是利用妥当还是浪费了？精神是高昂还是沮丧？谁剥夺了你的时间或提高了你对时间的利用效率？

一周之后，摘要记录各项活动所花的时间：打电话、写信、开会、和朋友聚会、运动、休闲、和家人相处等活动的时间各占多少。分门别类后，这份摘要可以告诉你各项活动所花费的时间。接下来，检查你的体能周期状况：你是上午体力比较好，还是下午？如果有规律可循，可考虑在体力最好的时候，做最重要的工作。

想一想，你体力最好的时候，是串门子，还是独处？也许你喜欢一个人独自工作；也许你不喜欢孤独的滋味，所以花在电话上的时间过多。有没有什么日常琐事可以一并处理，或切割成数个部分，做更有效的处理？二者都可有效节省你的时间。有哪些事根本就不需要浪费时间来做，可不可能避免重蹈覆辙？有哪些事可以做得再快点，更有效率点？你通常分别花多少时间在重要与不重要的工作上呢？

把时间利用得当和利用不得当的活动区别开来。想想，该如何改变行为模式，来提高效率呢？

2. 计划

善于预算和规划时间，是时间运筹的第一步，是管理时间的重要战略，而远大目标是管理时间的先导和根据。因此，须以明确的目标为轴心，对自己的一生做出规划：长计划，短安排，将大目标分解成若干具体的目标，并预计完成目标的日期。

订计划，也包括对"预算"的检查督促。你要经常检查某一短期目标的实现情况，看其是否如期完成。

3. 行动

制订计划很容易，然而严格执行计划，则需要顽强的意志。依据计划所列的优先顺序迅速、果断、有效率地采取行动，可以把你因迟疑、拖延所带来的不快和压力一扫而光。要主动控制时间，少做浪费时间的事，多做能节省时间的事。

研究表明，大约20%的成年美国人喜欢拖拖拉拉，这给他们的工作和生活都带来了不良后果。所以，要与拖拉习气做斗争，要设法做到以下几点。

（1）定出期限。即使计划中没有时限，你也要为自己定上一个。要真有那么一个时限，那么在终期来临之际再去看看做了多少工作，你也许就会吓一跳。所以，在每一个周末来临之际，你都要问问自己究竟做了多少事。

（2）砍掉枝枝节节。注意因事情停止和返工而浪费掉的时间和精力。要学会在某段时间内集中精力于某一件事，这会给你自己树立一种标准。

而且，在你放下一件事情以前，你都要力求把它了结，或至少提出解决的办法来，那样，你也就培养了一种很好的习惯，这种习惯会为你的将来带来很好的收益。

（3）犒劳一下自己。最好是在每次按时完成计划的时候，你都给自己一个小小的奖励，比如给自己买支冰激凌，或挑个阳光明媚的日子，放自己去逛逛街……这些都是小事，但对自己的鼓励却很大。

管理时间，就像这样

迪安·阿尔福德说："片刻的时间比一年的时间更有价值，这是无法变更的事实。时间的长短在重要性和价值上并不成正比。偶然的、意想不到的 5 分钟就可能影响你的一生。但谁又能预料这个重要时刻在什么时候来临呢？"

每天的时光都是我们的珍贵礼物，它新奇、亮丽，充满各种美妙的机遇。岁月易逝，不要为了无用的念头就虚度年华，浪费精力；不要眼盯着时钟，企盼光阴飞逝；不要虚掷它，不要浪费它，因为你未来的财富就在今天珍贵的时间里。

许多人日复一日花费大量的时间去做一些与他们梦想不相干的事情。不要成为他们其中的一分子，让你生命中的每个日子都值得"计算"，而不要只是"计算"着过日子。

一个人真正拥有，而且极度需要的只有时间。其他的事物多多少少都部分或曾经为他人拥有。像是你呼吸的空气、在地球上占有的空间、走过的土地、拥有的财产等，都只是短时间拥有。时间如此重要，但仍有很多人随意浪费掉他们宝贵的时间。

太多人浪费 80％的时间在那些只能创造出 20％成功机会的人身上：

雇主花费太多时间在那些最容易出状况的 20％的人身上；经纪人花费太多时间在不按时参加演出工作的演员或模特儿身上；政治家花费多数时间为 20％的有需求、有问题或就是问题本身的人运作议事，而那些人甚至不是当初投票给他们的选民。

玛丽·露丝在《节约时间与创意人生》一文中写道："我的工作有一部分是市场咨询，常常要和人们讨论如何建立事业。我通常会建议他们，他们可以自由运用自己的时间，但最重要的时间应该优先留给那些帮助自己建立事业、认真想成功和愿意协助自己达到成功的人身上。"

尽可能避免不必要的电话和约会，特别在你一天中效率最高的时段。节省其他的时间，优先处理那些能帮助你达成目标和梦想的工作和约会。

美国麻省理工学院对 3000 名经理做了调查研究，发现凡是优秀的经理都能做到有效安排时间，使时间的浪费减少到最低程度。《有效的管理者》一书的作者德鲁克说："认识你的时间，是每个人只要肯做就能做到的，这是一个人走向成功的有效的自由之路。"根据有关专家的研究和许多领导者的实践经验，有效安排时间的方法可以概括为下列 5 个方面。

（1）善于集中时间。切忌平均分配时间。要把自己有限的时间集中在处理最重要的事情上，切忌每样工作都抓，要有勇气并机智地拒绝不必要的事、次要的事。一件事情来了，首先要问："这件事情值不值得做？"绝不可遇到事情就做，更不能因为反正做了事，没有偷懒，就心安理得。

（2）善于把握时机。时机是事物转折的关键时刻。抓住时机可以牵一发而动全身，以较小的代价取得较大的效果，促进事物的转化，推动事物向前发展。错过了时机，往往会使到手的成果付诸东流，造成"一着不慎，全局皆输"的严重后果。所以，成功人士必须善于审时度势，捕捉时机，把握"关节"，掌握"火候"，赢得时机。

（3）善于处理自由时间和应对时间。对一名成功人士来说，存在两类时间：一类是属于自己控制的时间，称作"自由时间"；另一类是属于对他人他事的反应的时间，不由自己支配，称作"应对时间"。两类时间都客观存在，都是必要的。没有"自由时间"，便完全处于被动、应付状态，不能自己支配时间。但是，要完全控制自己的时间，在客观上也是不可能的。没有"应对时间"，想将其都变为"自由时间"，实际上也就侵犯了别人的时间。因为个人的完全自由必然会造成他人的不自由。

（4）善于利用零散时间。时间不可能集中，往往出现很多零散时间。要珍惜并充分利用零散时间，把零散时间用来从事零碎的工作，从而最大限度地提高工作效率。

（5）善于运用会议时间。召开会议是为了沟通信息、讨论问题、安排工作、协调意见、做出决定。会议时间运用得好，可以提高工作效率，节约大家的时间；运用得不好，反而会降低工作效率，浪费大家的时间。

绝不浪费时间

没有人可以说总统夫人爱丽诺·罗斯福是个懒人。演讲、写作，在各国之间为友谊而努力——她每天的活动排满了整张行程表，甚至大部分比她年轻一半的女人都难以胜任这种繁忙。

当我在纽约访问罗斯福夫人的时候，她接着就要去另外一个城市，去参加一个民主党的集会。我曾问她，如何能够安排好完成这么多事情。她的回答很简单，也很容易理解："我绝不浪费时间。"她告诉我，她在报上发表的许多专栏，都是在约会和会议之间的空当完成的。她工作到深夜，清晨就起床。

我们大家和罗斯福夫人一样，都有 24 个小时。我们的 24 个小时是怎么过的呢？我们"没有时间"去阅读一些好书、参加自修课程、出席家长与教师的联谊会、带小孩子到动物园，或是做许多我们喜欢做的，或应该做的快乐的和有益的事情。

保罗·柏派诺博士在《如何创造婚姻生活》一书中说道："家庭主妇大都觉得家事占去太多时间。这种看法值得详细地检讨一下。如果任何一位女人愿意把她一星期内的时间详记下来，结果可能会使她大吃一惊。"

在纽约市社会研究学校里，开了一门叫作"人际关系"的研究课程。这个课程的教师是一名成功的职业妇女和教育家——爱丽丝·来斯·库克小姐。课程开始的时候，每个学生要做出他们一星期内时间和工作的记录表。

"当学生们在记录表上看到了，"库克小姐说，"他们浪费了多少时间去打毫无目的的电话，或是跑一次杂货店可以买完的东西却要分成两次买时，他们通常会大吃一惊，而开始计划更有效率的日常生活。"

"当我做好自己的时间和工作记录表以后，"库克小姐接着说，"我很清楚地发现，我必须停止看这么多侦探小说。并不是每个人都应该停止看侦探小说。但是，事情很明显，我无法既做完所有我计划的事情，又欣赏很多本侦探小说。"

为此，可能有人会问："就每天浪费的时间而言——等待某人打电话、等候公共汽车、乘地下火车、在美容院里坐在吹风机下等着，难道我们不能好好使用这些时间？"

有些人懂得利用这些时间。

已故的哈尔兰·F.史东，是全美最高法院的首席法官，有一次他告诉一个大学毕业班的同学说："这世界上的许多重要的事情是使用15分钟的工夫来完成的，这段时间通常都被人们浪费掉了。"

"万事通"专家约翰·基尔南，是个著名的地下火车乘客。对他来说，坐在地下火车里专心地看着济慈的诗集，或是一篇有关鸟类生态的论文，都是很平常的事。

西奥多·罗斯福当总统的时候，他的桌上总摊着一本书，所以，他能够在两次约会之间的两分钟到三分钟的空当里念书。另外小塞尔德·罗斯福曾经说过，他父亲的卧室里有一本诗集，所以他能够在穿衣服的时候背下一首诗。可见罗斯福总统在节省时间方面做得多么出色！

可是，我们之中许多人经常哭诉着说："没有时间念书。"

你很容易计算出你自己所"浪费"的时间有多少，好好利用这些时间吧！你不是一直想要学习一种外文、改善你的外表、写作、唱歌、画画、游玩吗？不要说你没有时间。学学那些有作为的人的做法——使用那些繁忙的预订计划表里出现的空当。

有一本畅销书，书名叫《一打比较便宜》，这是福南克·吉尔布雷斯家庭的故事。

已故的福南克·吉尔布雷斯是个工程师，他是动力科学研究的先驱专家。他和他的妻子莉莉安·吉尔布雷斯博士致力于把节省时间和劳力的方法带进商业界和工厂，同时也带进家庭管理方式里。

吉尔布雷斯夫妇共有3个小孩，他们从小就在一种观念下长大，认为时间是一种天赐的礼物，必须很讲效率地利用。在吉尔布雷斯家里，时间从不会被浪费。孩子们早上刷牙准备上学的时候，甚至可以从他们父亲放在浴室内的大字海报上学会许多新字。

蒂娜·盖塞狄是顾问工程师沙尔瓦多·S.盖塞狄的妻子兼助手。她把她先生在事业上所使用的高效率方法应用到家庭管理方法上。

盖塞狄太太在写给我的信中说："我们的信念是，清除掉杂草，我们就可以天天欣赏到花朵。那就是说，尽可能在最短的时间里做完基本必做的工作，如此我们就可以有更多的空闲去做我们所喜欢的事情。

"有了3个活泼的小壮丁要照顾，以及一间庞大的房子和花园需要整理，还有社团活动，做我丈夫的秘书，再加上要负责家里的文化、宗教与社会职责，我所有的时间都必须做两倍工作。我还要想办法做我丈夫的助手，找出一些他可能漏掉的文章，提醒他必须参加的集会，为他构思一些改进的方案。

"我曾经在洗碟子或是替小孩热奶瓶的时候，想出许多增加操作效率的方法。我们在游玩的时间，和孩子们一起做运动，我们大家都在一起玩乐。

"我们的工作进度表是有弹性的，并非固定不变的。有时候我们会把例行事务抛到窗外，专心去做一件特殊的事情。"

这两对夫妇懂得如何生活，如何工作，以及如何把生活和工作调和进行，而获得适当的结果。就像罗斯福夫人，她从不浪费时间。

应该说明的是，世界上最忙碌的人、做最多事情的人，比起那些什么都不干的懒人要有更多的时间。

这些人能够做完较多的事情，因为他们学会了安排自己的时间和家务，重视我们大家都拥有的宝贵金矿——时间。

记住：浪费时间比浪费金钱还要悲惨，金钱失去了还可以赚回来——时间，是永远回不来的。以下这些规则，将会帮助你把宝贵的时间发挥出更大的作用。

（1）把你每天使用时间的方式做个忠实的反省。这个工作至少要做一星期。看看你的时间浪费到哪里去了。

（2）每星期为下一周做一次每天的时间计划。为每天的工作安排一段合理的时间，可以消除神经紧张、疲乏和混乱。如果这个方法适合大公司总经理，它应该就会对所有的人有好处。

（3）在你工作的时间里，要避免不必要的工作中断。只要有点经验，你就能够学会在你努力做好一件事的时候，暂时不理会电话和门铃的响声。不久之后，你的朋友就学会了只在某些特定时间才打电话给你——他们也会因为你讲求效率而更加尊敬你。

让你的时间增值

人生苦短，人易老。莎士比亚说："时间是无声的脚步，是不会因为我们有许多事情要处理而稍停片刻的。"

职场中，大多数员工可能有过这种经历和感受：每一天没有认真仔细地做出安排和计划，他有可能会觉得无所事事，也有可能会觉得忙得晕头转向。其实，一天下来他可能什么事情也没办成，只是感觉到时间在不知不觉中就溜走了。

许多人经常这么想：在这浪费几分钟，在那浪费几分钟没有关系，反正时间还有的是。殊不知，他们正一步步远离成功。

而古往今来，成功人士与我们常人一样，有相同的时间，但工作效率却是我们的数倍或数十倍，因而，一生的收获也是我们的数倍或数十倍，如拿破仑、巴尔扎克……

美国有一位推销员，他每次去登门推销，总是随身带着闹钟，当会谈开始，他便说："我打扰您10分钟。"然后将闹钟调好，时间一到，闹钟便自动发出声响，这时他就完成了推销任务，然后起身告辞："对不起，10分钟到了，我该告辞了。"如果双方商谈顺利，对方会建议继续谈下去，那么他便说："好，我再打扰您10分钟。"于是将闹钟再调10分钟。他便利用这种方法，把谈话的精华都汇集在10分钟内，既不耽误别人的时间，又能在有限的时间里很好地完成任务。

大多数顾客第一次听到闹钟的声音，往往表示惊讶，一方面对推销员的技艺表示赞叹，另一方面也佩服他的时间观念，也往往能使顾客更愿意与之交谈。这种合理利用时间的方法，可以促使推销顺利进行，同时也起到了更为有效的作用。最终，他取得了辉煌的业绩，其成功的秘诀便是在有限时间内，合理安排，以达到最高的效率。

无论做什么事，我们都应及时行动，绝不拖延。只想着留待以后去做的人，时间会让他付出巨大代价。

拉尔上校正在玩纸牌，忽然有人递了一份报告说，华盛顿的军队已经进攻到德拉瓦尔了。但他只是将来件塞入衣袋中，等到牌局完毕，他才展开那报告，待到他调集部下出发应战，时间已经太迟了。结果全军覆灭，而他自己也因此战死，仅仅是几分钟的延迟，就使他丧失了尊荣、自由与生命！

"要做，就立刻去做！"这是聪明员工的座右铭。服从它的人，拥有的时间将会延长。

根据专家研究和诸多成功人士的实践，工作中，我们可以从以下几个方面，提高工作效率，增值时间。

（1）保持良好的情绪。恶劣的情绪是人生成功的大敌；而良好的情绪可以加快生命的节奏，大大提高效率。

（2）集中注意力。有了良好的方法和情绪，如果不集中使用，也难以提高时效，平常说的"专则成，乱则废"就是这个道理。

（3）养成敏捷的习惯。要养成雷厉风行、办事敏捷的习惯。如果磨磨蹭蹭去做，事情永远不会做好。

　　在职场中的每一天都必须清楚：我该为哪些事花时间？哪些事可以忽略或缩短时间做？只有像计较金钱那样计较时间，我们才能在有限的人生中做更多有意义的事情。

第九章

从做好一件事中领悟做好所有事的秘密

做正确的事比正确地做事更重要

创设遍及全美的市务公司的亨瑞·杜哈提说："如果能找到一个既能思考，又能按事情的重要次序来做事的人，不论他要多少薪水，我都愿意雇用他。"

因此，在工作中，如果我们不能选择正确的事情去做，那么唯一正确的事情就是停止手头上的事情，直到发现正确的事情为止。由此可见，做事的方向性是至关重要的。

然而，在现实生活中，无论是企业的商业行为，还是个人的工作方法，人们关注的重点往往都在于效率和正确地做事。

实际上，第一重要的是效能而非效率，是做正确的事而非正确地做事。"正确地做事"强调的是效率，其结果是让我们更快地朝目标迈进；"做正确的事"强调的则是效能，其结果是确保我们的工作在坚定地朝着自己的目标迈进。换句话说，效率重视的是做一项工作的最好方法，效能则重视时间的最佳利用——这包括做或是不做某一项工作。

"正确地做事"是以"做正确的事"为前提的，如果没有这样的前提，"正确地做事"将变得毫无意义。首先要做正确的事，然后才存在正确地做事。这不仅仅是一种重要的工作方法，更是一种很重要的工作理念。任何时候，对任何人或者组织而言，"做正确的事"都远比"正确地做事"重要。

正确地做事与做正确的事是两种截然不同的工作方式。正确地做事就是一味地例行公事，而不顾及目标能否实现，是一种被动的、机械的工作方式。工作只对上司负责，对流程负责，领导叫干啥就干啥，一味服从，铁板一块，是制度的奴隶，是一种被动的工作状态。在这种状态下工作的人往往不思进取，患得患失，不求有功，但求无过，做一天和尚，撞一天钟，混着过日子。

而做正确的事不仅注重程序，更注重目标，是一种主动的、能动的工作方式。工作对目标负责，做事有主见，善于创造性地开展工作。这种人积极主动，在工作中能紧紧围绕公司的目标，为实现公司的目标而发挥人的能动性，在制度允许的范围内，进行变通，努力促成目标的实现。

这两种工作方式的根本区别在于：只对过程负责，还是既对过程负责又对结果负责；是等待工作，还是主动地工作。同样的时间，这两种不同的工作方式产生的差别是巨大的。

举个工作中的例子，比如说某客户服务人员接到服务单，客户要装一台打印机，但服务单上没有注明是否要配插线，这时，客户服务人员有三种做法：

第一种做法：照开派工单；

第二种做法：打电话提醒一下商务秘书，是否要配插线，然后等对方回话；

第三种做法：直接打电话给客户，询问是否要配插线，若需要，就配齐给客户送过去。

第一种做法，可能导致客户的打印机无法使用，引起客户的不满；

第二种做法，可能会延误工作速度，影响服务质量；

第三种做法，既能避免工作失误，又不会影响工作效率。

你觉得，哪种做法最好呢？相信大多数人会选择第三种做法。第三种做法就是在做正确的事，第一、二种做法就是在正确地做事，这二者的区别就在于结果的不同。而出现不同结果的原因，在于是否把公司的目标与自己的工作结合在了一起。

若要集中精力于当急的要务，就得排除次要事务的牵绊，此时需要有说"不"的勇气。

我的妻子曾被选为社区计划委员会的主席，可是她既放不下许多更重要的事，又不好意思拒绝，只好勉为其难地接受。后来她打电话给一位好友，问她是否愿意在委员会工作，对方却婉拒了，我的妻子悔不当初地说："我那时也能拒绝就好了。"

这不是说社区活动或社会服务不重要，而是人各有志，各有优先要务。必要时，应该不卑不亢地拒绝别人，在急迫与重要之间知道取舍。

我在一所规模很大的大学任教时，曾聘用一位极有才华又独立自主的撰稿员。有一天，我有件急事想拜托他。

他说："你要我做什么都可以，不过请先了解目前的状况。"

他指着墙壁上的工作计划表，显示超过 20 个计划正在进行，这都是我俩早已谈妥的。

然后他说："这件急事至少会占去几天时间，你希望我放下或取消哪个计划来空出时间？"

他的工作效率一流，这也是为什么一有急事我会找上他。但我无法要求他放下手边的工作，因为比较起来，正在进行的计划更为重要，我只有另请高明了。

我的训练课程十分强调分辨轻重缓急以及按部就班行事。我常问受训人员：你的缺点在于——

（1）无法辨别事情重要与否；

（2）无力或不愿有条不紊地行事；

（3）缺乏坚持以上原则的自制力。

答案多半是缺乏自制力，我却不以为然。我认为，那是"确立目标"的功夫还不到家使然。而且不能由衷接受"事有轻重缓急"的观念，自然就容易半途而废。

这种人十分普遍。他们能够掌握重点，也有足够的自制力，却不是以原则为生活重心的，又缺乏个人使命宣言。由于欠缺适当的指引，他们不知究竟何去何从。

以配偶或金钱、朋友、享乐等为重心，容易受到羁绊。至于以自我为中心者，则难免被情绪冲动所误导，陷溺于能博人好感的活动，以及可逃避的现实。这些诱惑往往不是独立意志所能克服的，只有发乎至诚的信念与目标，才能够产生坚定说"不"的勇气。

时间里的"二八法则"

在现实生活中，有一个很著名的叫"二八法则"的原理，对我们的工作和生活有很大的影响，也是对能大幅度提高工作效能的最好解释。"二八法则"对工作的一个重要启示便是：避免将时间花在琐碎的多数问题上，因为就算你花了80％的时间，你也只能取得20％的成效。你应该将时间花于重要的少数问题上，因为解决这些重要的少数问题，你只需花 20% 的时间，即可取得 80% 的成效。

在工作和生活中，我们都见过许多这样的人，他们虽然怀有大干一番事业、做出辉煌成绩的想法，可是总不见行动，只是把这些想法挂在嘴边，每天都踏步不前。因此，为了避免成为一个空谈主义者，为了更有效地提高我们的工作效能，我们必须立即行动起来。

我们每个人每天面对的事情，按照轻重缓急的程度，可以分为以下 4 个层次，即重要且紧迫的事、重要但不紧迫的事、紧迫但不重要的事、不紧迫也不重要的事。

1. 重要且紧迫的事

这类事情是最重要的事情，而且是当务之急，有的是实现你的事业和目标的关键环节，有的则和你的生活息息相关，它们比其他任何一件事情都值得优先去做。只有它们都得到合理高效的解决，你才有可能顺利地进行别的工作。

2. 重要但不紧迫的事

这种事情要求我们具有更多的主动性、积极性和自觉性。从一个人对这种事情处理的好坏，可以看出这个人对事业目标和进程的判断能力。因为我们生活中大多数真正重要的事情都不一定是紧急的，比如读几本有用的书、休闲娱乐、培养感情、节制饮食、锻炼身体。这些事情重要吗？当然，它们会影响我们的健康、事业还有家庭关系。但是它们急迫吗？不。所以很多时候这些事情我们都可以拖延下去，并且似乎可以一直拖延下去，直到我们后悔当初为什么没有重视，没有早点来着手解决它们。

3. 紧迫但不重要的事

紧迫但不重要的事情在我们的生活中十分常见。例如，本来你已经洗漱停当准备休息，好养足精神明天去图书馆看书，忽然电话响起，你的朋友邀请你现在去泡吧聊天。你就是没有足够的勇气回绝他们，你不想让你的朋友们失望。然后，你去了，次日清晨回家后，你头昏脑涨，一个白天都昏昏沉沉的。你被别人的事情牵着走了，而你认为重要的事情却没有做，这或许会造成你在很长时间内都比较被动。

4. 不紧迫也不重要的事

很多这样的事情会在我们的生活中出现，它们或许有一点价值，但如果我们毫无节制地沉溺于此，我们就是在浪费大量宝贵的时间。比如，我们吃完饭就坐下看电视，却常常不知道想看什么和后面要播什么，只是被动地接受电视播出的信息。往往在看完电视后觉得不如去读几本书，甚至不如去跑跑健身车，那么刚才我们所做的就是浪费时间。其实你要注意的话就会发现，很多时候我们花在电视上的时间都是被浪费掉了的。

我们可以按照上述的分类，将重要且紧迫的事定为 A 类，将重要但不紧迫的事定为 B 类，紧迫但不重要的事定为 C 类，不紧迫也不重要的事定为 D 类。在实际工作中，我们应该先干重要且紧迫的事，即 A 类事情，这一类事情做得越多，我们的工作效能就越高。

在工作中，我们需要时刻提醒自己："此刻，什么是我利用时间的最佳方式？"在每月事先安排的工作计划中，应使自己除了能为"重点"的项目留出额外的时间外，还能使工作有所变化并保持平衡。

另外，计划赶不上变化，如果目标不随着工作进程而及时修改的话，很容易成为工作效能提高的障碍，因此，我们应该坚持每月修订一次自己的人生目标。每天重温自己制订的目标，并用每天的行动去接近这个目标。你可以在办公室里放上自己的人生目标的陈述，借此提醒自己。即使是在干一件最小的事，心中也不忘那个长期的目标。在每天早晨就进行计划，安排好一天工作的轻重缓急。每天都有一张当天要做哪些事的清单，并将它们按重要程度排列，然后尽可能一有时间就去干最重要的工作。为自己、也为别人都定下工作的最后期限。养成好习惯，按照

"任务清单"的顺序干,绝不跳过困难的工作。永远放弃"等候时间"。如果不得不等什么,就把它当作"时间的礼物",用它来休憩,或去做一些本来不会去做的事情。检查自己的旧习惯,看看是否有需要杜绝或加以改进的地方。

如法国哲学家布莱瑟·帕斯卡所说:"把什么放在第一位,是人们最难懂得的。"

一个人在工作中常常难以避免被各种琐事、杂事所纠缠。有不少人由于没有掌握高效能的工作方法,而被这些事弄得筋疲力尽,心烦意乱,总是不能静下心来去做最该做的事,或者是被那些看似急迫的事所蒙蔽,根本就不知道哪些是最应该做的事,结果白白浪费了大好时光,致使工作效率不高,效能不显著。为此,每个人都应该有一个自己处理事情的优先表,列出自己一周之内急需解决的一些问题,并且根据优先表排出相应的工作进程,使自己的工作能够稳步高效地进行。

不要把问题复杂化

你了解"奥卡姆剃刀"吗?奥卡姆剃刀原理是由 14 世纪的哲学家、修士奥卡姆的威廉提出的一个原理。它告诫人们:"切勿浪费较多东西去做用较少的东西同样可以做好的事情。"后来其以一种更为广泛的形式为人们所知,即"如无必要,勿增实体"。

"奥卡姆剃刀"以结果为导向,始终追寻高效简洁的思维方式。在过去,它影响过哥白尼、牛顿、罗素、爱因斯坦等伟大人物,帮助他们成就了辉煌的事业。现在,它又被比尔·盖茨、巴菲特等精英所使用。这是一个改变全球精英命运的思维法则,也是左右企业与个人发展的永恒法则。

这个原理在社会各方面已得到越来越多的应用。它要求我们在处理事情时，要把握事情的本质，解决最根本的问题。尤其不要把事情人为地复杂化，简洁才能出高效。

巴黎一家现代杂志曾刊登过这样一个有趣的竞答题目："如果有一天卢浮宫突然起了大火，而当时的条件只允许从宫内众多艺术珍品中抢救出一件，请问：你会选择哪一件？"在数以万计的读者来信中，一位年轻画家的答案被认为是最好的——选择离门最近的那一件。

这个答案令人拍案叫绝，因为卢浮宫内的收藏品每一件都是举世无双的瑰宝，所以与其浪费时间选择，不如抓紧时间抢救一件算一件。生活中，千万不要把事情过于复杂化，烦冗、拖泥带水反而会让我们多走弯路。

有一次，美国著名幽默作家马克·吐温在教堂听牧师演讲。最初，他觉得牧师讲得很好很感人，准备捐出身上所有的钱。过了10分钟，牧师还没讲完，他有些不耐烦了，决定只捐一些零钱。又过了10分钟，牧师还没有讲完，于是他决定一分钱也不捐了。到牧师终于结束演讲开始募捐时，马克·吐温由于气愤，不仅未捐钱，还从盘子里偷了两元钱。

这个有趣的故事告诉我们：用简洁的方法去解决复杂的问题，有时候才是最有效最快捷的方法。

一天，克莱斯勒的总裁艾柯卡在底特律郊区开车时，旁边驶过一辆野马牌敞篷车。那正是克莱斯勒缺乏的——一辆敞篷车。

他回到办公室以后，马上打电话向工程部的主管询问敞篷车的生产周期。"一般来说，生产周期要5年。"主管回答，"不过如果赶一点，3年内就会有第一辆敞篷车了。"

"你不懂我的意思，"艾柯卡说，"我今天就要！叫人带一辆新车到工厂去，把车顶拿掉，换一个敞篷盖上去。"

结果艾柯卡在当天下班前看到了那辆改装的车子。一直到周末，他都开着那辆"敞篷车"上街，而且发现看到的人都很喜欢。第二个星期，一辆克莱斯勒的敞篷车就上设计图了。

由此可见，简洁才能赢。瞻前顾后、画蛇添足、节外生枝并不可取，快刀才能斩乱麻。面对纷繁复杂的问题，做事的思维和方法应该从简切入，以简驭繁，化繁为简，避免陷入繁中添乱、漫无头绪的窘境。做事的全部奥秘就在于越简单越好。简单的东西，往往是最有力量的。化繁为简就是实践的最高境界。

"奥卡姆剃刀"提示我们：解决事情的关键就在于我们是否能让它变得简单。准确找到并把握事物的规律，去伪存真，由表及里，将一个个复杂的工作简单化，然后高效地加以解决，这就是一个优秀的企业员工的必胜法宝。

要事永远排在第一

你是不是从早忙到晚，感觉自己一直被工作追着跑？但你的忙乱也许不是因为工作太多，而是因为你没有将重要的事摆在第一位。在如今越来越复杂与紧凑的工作步调中，将不紧迫又不重要的事情撇在一边，保持"要事第一"是最好的应对原则。

"最聪明的人是那些对无足轻重的事情无动于衷，却对那些较重要的事务无法无动于衷的人。"一流人物大都具备无视"小"（人物、是非）的能力，他必须忍住不为小事所缠，他能很快分辨出什么是无关紧要的事项，然后立刻砍掉它。

事实也是如此，在你往前奔跑时，你不可以对路边的蚂蚁、水边的青蛙太在意——当然毒蛇拦路除外。如果要先搬掉所有的障碍才行动，那就什么也做不成。一个人过于努力想把所有事都做好，他就不会把最重要的事做好。

许多人在处理日常事务时，完全不知道把工作按重要性排列。他们以为每个任务都是一样的重要，只要时间被工作填得满满的，他们就会很高兴。然而懂得安排工作的人却不是这样，他们通常是按优先顺序展开工作，将要事摆在第一位。

在确定了应该做哪几件事情之后，你必须按它们的轻重缓急行动。大部分人是根据事情的紧迫感而不是事情的优先程度来安排顺序的。这些人的做法是被动的而不是主动的。真正懂得重视效率的人不会这样来开展工作。那么我们在工作中如何提高自己的工作效能，做到要事第一呢？

1. 明确公司目标

要做到要事第一，首先我们要明确公司的发展目标，站在全局的高度思考问题，这样可避免重复作业，减少出错的可能性。我们在工作中，必须厘清的问题包括：我现在的工作必须做出哪些改变？我要从哪个地方开始？我应该注意哪些事情，以免影响目标的达成？有哪些可用的工具与资源？

2. 找出"正确的事"

要实现要事第一，第二个关键就是要根据公司发展目标找出"正确的事"。工作的过程就是解决一个个问题的过程。有时候，一个问题会摆到你的办公桌上让你去解决。问题本身已经相当清楚，解决问题的办法也很清楚。但是，不管你要冲向哪个方向，想先从哪个地方下手，正确的工作方法只能是：在此之前，请你确保自己正在解决的是正确的问题——很有可能，它并不是先前交给你的那个问题。要搞清楚交给你的问题是不是真正的问题，唯一的办法就是更深入地挖掘和收集事实，问问题，多看，多听，多想，一般用不了多久，你就能搞清楚自己走的方向到底对不对。

3. 保持高度责任感

在工作中要时刻保持高度的责任感，自觉地把自己的工作和公司的目标结合起来，对公司负责，也对自己负责。最后，发挥自己的主动性、能动性，去推进公司目标的实现。

4. 学会说"不"

要学会拒绝，不让额外的要求扰乱自己的工作进度。对许多人来说，拒绝别人的要求似乎是一件难上加难的事情。拒绝的技巧是非常重要的职场沟通能力。你在决定该不该答应对方的要求时，应该先问问自己："我想要做什么？或是不想要做什么？什么对我才是最好的？"

在做决定时我们必须考虑：如果答应了对方的要求是否会影响既有的工作进度，是否会因为我们的拖延而影响到其他人？而如果答应了，是否真的可以达到对方要求的目标？

5. 沟通增效

沟通在提高工作效率中有着十分重要的作用，例如，工作中你可能会出现"手边的工作都已经做不完了，又丢给我一堆工作，实在是没道理"这样的抱怨，这时候你如果保持沉默，很可能会给老板留下办事不力的印象。所以，如果工作中出现了这种情况，你不可保持沉默，而应该主动沟通，清楚地向老板说明你的工作安排，主动提醒老板排定事情的优先级，并认真聆听老板的意见，这样可大幅减轻你的工作负担。

老板是需要被提醒的，在工作中，我们应该时刻提醒自己，与老板的沟通是否充分，我们有没有适当地反映真实情况。如果我们不说出来，老板就会以为我们有时间做这么多的事情。况且，他可能早就不记得之前已经交代给你太多的工作。

6. 过滤"次要信息"

应当学会有效过滤次要信息，让自己的注意力集中在最重要的信息上。工作中我们经常会被铺天盖地的电子邮件搞得疲惫不堪，更可怕的是，它们常常会分散我们工作的注意力，为我们做正确的事带来很大的干扰，为此，我们应该学会如何有效过滤次要信息，将自己的注意力集中在最重要的信息上。

一般来说，正确的过滤流程分为两个步骤。第一步是先看信件主旨和寄件人，如果没有让自己觉得今天非看不可的理由，就可以直接删除。这样至少可以删除50%的邮件。第二步开始迅速浏览其余的每一封信件的内容，除非信件内容是有关近期内（例如两星期内）必须完成的工作的，否则就可以直接删除。这样可以再删除25%的信件。

7. 使用"优先表"

"要事第一"要求我们在工作中善于发现决定工作效率的关键事情，在第一时间解决排在第一位的问题。在这个问题上，怎样确立时下最需要解决的问题就成了关键和难点所在。

高效地搜集消化信息

当今世界是一个以大量资讯作为基础来开展工作的社会。及时、准确地掌握信息，对赢得竞争十分重要。信息就是资源，信息就是竞争力，一个人如果能及时掌握准确而又全面的信息，他就等于掌握了竞争的主动权。

但是我们在工作中面临的一个现实是：一方面知识更新速度很快，社会资讯泛滥，到处充斥着这样那样的信息；另一方面，总是感觉到工作上所需要的资讯相对难求。有些企业，尤其是大型企业对资讯的收集、管理和使用都比较混乱，没有一套系统的方法。以至于有时候获取了很好的情报，但由于错过了最佳使用时机而失去了其应有的价值。

每一个人都应当养成高效地搜集并消化信息的习惯。当你真的感到自己在工作中缺乏信息时，不要像有的员工那样，抱怨"公司的资讯没能很好地流通，我得不到应有的信息支持"。

因为说出这样的话，就表示你没有主动地去搜集资讯信息，而是坐在那里被动地等待别人提供信息给你。当你确实需要资讯时，必须要主动地去搜集。

1. 要善于捕捉有用信息

在信息社会，每一个人都在扮演着两个基本角色，即信息传递者和信息接受者。信息就像人们讲"吃过了吗？""吃过了。"之类的寒暄话一样自然而平常。但在这"自然而平常"之中，却有着许许多多的道理和学问，关键就是看你能否捕捉和善用信息。

职场中总有些人不去主动自发地搜集信息，而只是坐在那里等着信息传达到他们手上。持这种守株待兔的态度，是无法成为一名善于搜集并消化信息的高效能人士的。

要学会捕捉有用的信息，就应该注意收集、发现和开发信息。

2. 要对事物保持敏感度

应当对事物保持敏感度，这样才能在信息社会中赢得主动权。事实证明，那些事业上成功的人，往往对任何事情都抱有好奇心，在搜集信息时，也自然能对事物保持一定的敏感度，以便捕捉到对自己有用的信息。

赖特曾是南方一家公司的小职员，平时的工作是为老板干一些文书工作，跑跑腿、整理整理报刊材料。这份工作很辛苦，薪水又不高，他时刻琢磨着，想办法赚大钱。

有一天，他从报纸上看到一条关于自动售货机的信息。上面写道："现在美国各地都大量采用自动售货机来销售货品，这种售货机不需要雇人看守，一天 24 小时可随时供应商品，而且在任何地方都可以营业，给人们带来了许多方便。可以预料，随着时代的进步，这种新的售货方法会越来越普及，必将被广大的商业企业所采用，消费者也会很快地接受这种方式，前途一片光明。"

赖特开始在这上面动脑筋，他想："我所处的地区还没有一家公司经营这个项目，可将来也必然会迈入一个自动售货的时代。这项生意对于没有什么本钱的人最合适。我何不趁此机会去钻这个冷门，经营此新行业？至于售货机里的商品，应该搜集一些新奇的东西。"

于是，他就向朋友和亲戚借钱购买自动售货机，共筹到了 30 万美元，这笔钱对于一个小职员来说可不是一个小数目。他以每台 1.5 万美元的价格买下了 20 台自动售货机，设置在酒吧、剧院、车站等一些公共场所，把一些日用百货、饮料、酒类、报纸杂志等放入其中，开始了他的新事业。

赖特的这一举措，果然给他带来了大量的财富。当地人第一次见到公共场所的自动售货机，感到很新鲜，因为只需往里投入硬币，售货机就会自动打开，送出你所需要的东西。一般，一台售货机只放入一种商品，顾客可根据需要从不同的售货机里买到不同的商品，非常方便。赖特的自动售货机第一个月就为他赚到 10 多万美元。他再把每个月赚的钱投资于自动售货机上，扩大经营规模。5 个月后，赖特不仅早已连本带利还清了借款，而且还净赚了近 100 万美元。

正是一条有用的信息，造就了一位新富翁。信息时代，这样的富翁不止赖特一个。因此我们应当时刻保持对信息的敏感度，只有这样才能领先别人一步，成为一名善于把握信息的人。

3. 要培养搜集信息的好习惯

应当养成高效搜集、消化信息的习惯，那么我们应当从哪些方面着手培养这些习惯呢？

（1）主动去关心信息。高效能人士应当主动去"关心"信息，因为这是搜集信息的一个好方法。例如，在大街上，当你听到消防车喇叭声大作时，你会问："哪里失火了？哪里出现了紧急情况吗？"只有主动询问，你才能立刻了解到哪里出现了事故。当看到街头围了一大群人，你要走上前，挤进去，才看得见那里发生了什么事。因为，要掌握一件事情的真相，光有好奇心是不够的，还要尽可能地亲身经历或亲眼见识。要搜集资讯，就必须主动出击，抢先获取第一手资料。当然，我们还应当培养自己判断信息是否有价值的能力，这样，才能在浩如烟海的信息世界里找到对自己有用的信息。

（2）建立个人信息网络。建立个人信息网络的重要性在于：当你想要哪一类资讯时，你可以立刻找到能提供这方面信息的人；当你想得到最具权威性的资料时，马上有人为你提供最为科学的建议。怎样来建立你的信息网络呢？可以先以你的知交良朋、同一母校的校友、同时进入公司的同事、上各类培训班时认识的学员、同行业里认识的朋友为基础，逐渐扩大你的信息网络。若善加利用，这个网将是你一生中最为宝贵的财富之一。

（3）要善于"套"情报。用对信息的保密程度来划分，人不外乎两类：缄默型和主动传播型。当知道一项内部资讯时，主动传播型的人，不用你去问，他都会跑来告诉你整个事情的始末，并且会添油加醋。而缄默型的人，则会三缄其口，不随意传话。

对缄默型的人，你要想办法从他们的嘴里"套"出话来。你不能开门见山，要旁敲侧击。而对主动传播型的人，无论他跟你说什么，你都要很有兴趣地听完它，而不要对自认为有价值的就认真听，觉得没用的就提不起兴趣。否则，以后他就不会再告诉你什么东西了。

（4）不要随便传播所得情报。一般，在对方信任你的情况下，才会告诉你内部参考、内幕消息和独家机密，而且他们往往都会叮嘱你"千万不要告诉别人"。如果你把这些别人不知道的事情随便告诉了其他人，一旦传到了当初告诉你的那个人耳中，以后你就再也不能从他那里得到什么有价值的资讯了。

专心致志才能有成就

罗曼·罗兰说："与其花许多时间和精力去凿许多浅井，不如花同样的时间和精力去凿一口深井。即使是最弱小的生命，一旦把全部精力集中到一个目标上也会有所成就。而最强大的生命如果把精力分散开来，最终也将一事无成。"

成就事业要专心致志、锲而不舍，不能见异思迁，一曝十寒，没有常性。

好多年前，有人要将一块木板钉在树上当搁板，帕金斯走过去管闲事，说要帮他一把。他说："你应该先把木板头锯掉再钉上去。"但是，他找来锯子之后，锯两三下就撒手了，说要把锯子磨快些。于是他又去找锉刀。接着又发现必须先在锉刀上安一个顺手的手柄。于是，他又去灌木丛中寻找小树，可砍树又得先磨快斧头。

磨快斧头需将磨石固定好，这又免不了要制作支撑磨石的木条。制作木条少不了木匠用的长凳，可这没有一套齐全的工具是不行的。于是，帕金斯到村里去找他所需要的工具，然而这一走，就再也不见他回来了。

后来人们发现，帕金斯无论学什么都是半途而废。他曾经废寝忘食地攻读法语，但要真正掌握法语，必须首先对古法语有透彻的了解，而没有对拉丁语的全面掌握和理解，想要学好古法语是绝不可能的。帕金斯进而发现，掌握拉丁语的唯一途径是学习梵文，因此便一头扑进梵文的学习之中，可这就更加旷日费时了。

他从未获得过什么学位，他所受过的教育也始终没有用武之地。但他的先辈为他留下了一些本钱。他拿出 10 万美元投资办一家煤气厂，可造煤气所需的煤炭价钱昂贵，这使他大为亏本。于是，他以 9 万美元的售价把煤气厂转让出去，开办起煤矿厂来。可这又不走运，因为采矿机械的耗资大得吓人。因此，帕金斯把在矿里拥有的股份变卖成 8 万美元，转入了煤矿机器制造业。从那以后，他便像一个内行的滑冰者，在有关的各种工业部门中滑进滑出，没完没了。

他恋爱过好几次，可是每一次都毫无结果。他对一位姑娘一见钟情，十分坦率地向她表露了心迹。为使自己匹配得上她，他开始在精神品德方面陶冶自己。他去一所星期日学校上了一个半月的课，但不久便自动逃遁了。两年后，当他认为到了问心无愧、可以启齿求婚之日，可那位姑娘早已嫁给了一个愚蠢的家伙。

不久他又如痴如醉地爱上了一位迷人的有 5 个妹妹的姑娘。可是，当他到姑娘家时，却喜欢上了她的二妹。不久又迷上了更小的妹妹。到最后一个也没谈成功。

认真就是你用生命，用真实的感情，用全部的热情，坚持不懈地去做一件事的态度。不论是科学家、军事家、政治家、思想家，他们在一生中能够成就一项事业的原因在于他们都有一个重要的素质，就是：善于集中自己的注意力，善于专心致志地做一件事情，善于专心致志地进行每一时刻的研究、学习和努力。

当我们赞叹、羡慕、向往和崇拜天才人物的成功时，不如从培养自己集中注意力于这件小事开始。

两军交战，甚至是两个国家之间发生战争，自然有整体的军事实力、经济实力以及政治实力的对抗。然而，战争的胜负还要取决于指挥者具体的军事指挥。这样，在军事上就有一个术语，叫作集中兵力。

比如，你方100人，我方也100人。你的100人分散在100个地方，我却能集中我方100人中的30个人，先消灭你方的1个人，再消灭你方的1个人。在每一场战役中，每一个点上，决定胜负的都是这种力量对比。

做任何事情都与战争一样，要解决问题，必须一个一个解决。而在解决一个一个的问题时，必须相对地集中我们的力量。在学习中、工作中解决任何一个问题，都要相对地集中我们的注意力、精力和时间。

一个军事家，将自己的兵力分散在一个广阔的空间中，任敌人集中兵力来攻击自己，只有失败。如果我们的精力、我们的注意力、我们的思维不能够在一个一个具体的目标上予以集中，我们就不可能解决问题，就不会有成效，不会成功，不会有学习上的高水平和高效率。所以，专心致志的能力是对我们的成功特别重要的一个素质。

第一次就把事情做对

第一次就把事情做对，是著名管理学家克劳士比"零缺陷"理论的精髓之一，它是一种追求精益求精的工作态度。同时，当你第一次就把事情做到位了，你的工作效率就会相应提高。

一次工程施工中，师傅们正在紧张地工作着。这时一位师傅手头需要一把扳手。他叫身边的小徒弟："去，拿一把扳手。"小徒弟飞奔而去。他等啊等，过了许久，小徒弟才气喘吁吁地跑回来，拿回一把巨大的扳手说："扳手拿来了，真是不好找！"

可师傅发现这并不是他需要的扳手。他生气地说："谁让你拿这么大的扳手呀？"小徒弟没有说话，但是显得很委屈。这时师傅才发现，自己叫徒弟拿扳手的时候，并没有告诉徒弟自己需要多大的扳手，也没有告诉徒弟到哪里去找这样的扳手。自己以为徒弟应该知道这些，可实际上徒弟并不知道。师傅明白了：发生问题的根源在自己，因为他并没有明确告诉徒弟做这项事情的具体要求和途径。

第二次，师傅明确地告诉徒弟，到某间库房的某个位置，拿一个多大尺码的扳手。这回，没过多久，小徒弟就拿着他想要的扳手回来了。

要想把事情做对，就要让别人知道什么是对的，如何去做才是对的。在给出做某事的标准之前，我们没有理由让别人按照自己头脑中所谓的"对"的标准去做事。

在我们的工作中经常会出现这样的现象：

5%的人并不是在工作，而是在制造问题，无事生非，他们是在破坏性地做事；

10%的人正在等待着什么，他们永远在等待、拖延，什么都不想做；

20%的人正在为增加库存而工作，他们是在没有目标地工作；

10%的人没有对公司做出贡献，他们是"盲做""蛮做"，虽然也在工作，却是在进行负效劳动；

40%的人正在按照低效的标准或方法工作，他们虽然努力，却没有掌握正确有效的工作方法；

只有15%的人的效率属于正常范围，但绩效仍然不高，仍需要进一步提高工作质量。

无论做什么事，都要讲究到位，半到位半不到位是最令人难受的。在我们执行工作的过程中，"第一次就把事情做对"是一个应该引起足够重视的理念。如果这件事情是有意义的，现在又具备了把它做对的条件，为什么不现在就把它做对呢？

第一次就把事情做对是一种追求精益求精的工作态度。然而许多人做事不精益求精，只求差不多。尽管从表现上来看，他们也很努力、很敬业，但最终结果却总是无法令人满意。

时间管理专家常常告诫工作中的人们："永远不要'随手'把东西暂时先放在那里，即'别把东西放下，而要把东西放起来'。不这么做的话，就意味着第一次没有把工作做完，过一会儿就至少得做两次了。"

当人们被要求"第一次就把事情做对"时，许多人会反驳："我很忙。"因为很忙，就可以马马虎虎地做事吗？其实，返工的浪费最不值得。第一次没做好，再重新做，既慢，花费也多。

有位广告部经理曾经犯过这样一个错误，由于完成任务的时间比较紧，在审核广告公司回传的样稿时不够仔细，在发布的广告中弄错了一个电话号码——服务部的电话号码被广告公司打错了一个数字。就是这么一个小小的错误，给公司带来了一系列的麻烦和损失。后来一连串偶然的因素使他发现了这个错误，他不得不耽误其他的工作时间并靠加班来弥补。同时，还让上司和其他部门的同事陪他一起忙了好几天。幸好错误发现得及时，否则造成的损失必将进一步扩大。

第一次没把事情做对，不仅会给自己的工作带来很大的麻烦，还会给上司和同事带来工作上的不便，严重时还会给公司造成经济损失或形象损失。对于上司安排你去做的事，你不去做，上司就要去做，你做不到位，上司就要返工。从管理角度来说，公司花了高薪聘请你的上司，

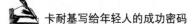

成本是聘请你的 10 倍以上；从经济意义上来说，他花 1 小时能做好的事，你花 1 天的时间做好也值。同样的道理，一件小事，你花了 1 小时做完交给了他，当他发现了不完善的地方，再去补充、修改，花半个小时，如果这样，还是你费半天时间把事情第一次就做对比较合算。你把小事做到位了，他的工作效率就提高了。

因此，只要在工作完成之前想一想出错后可能会给自己以及所在的公司带来的麻烦、造成的损失，就应该能够理解"一次就把事情做对"这句话的重要性。

第十章

勤奋专注，猎手的季节里没有冬天

勤奋最能挖掘潜能

谁能不停止勤奋的脚步，谁就能够发展自己的强项，挖掘自己的潜能，成就自身的伟业。天道酬勤，那些勤勤恳恳工作的人不怕找不到可以经营的强项，正如优秀的航海家总能驾驭大风大浪中的船一样。对人类历史的研究表明，在成就一番伟业的过程中，一些最普通的品格，如公共意识、专心致志、持之以恒等，往往起着很大的作用。即使是盖世天才也不能小觑这些品质的巨大作用，更别说普通人了。

约翰·弗斯特认为，天才就是点燃自己的智慧之火，激发自己的潜能；波思认为，"天才就是耐心"。强项是靠勤奋来获取的，而不是天才的产物。事实上，真正伟大的人物只相信常人的智慧与毅力的作用，而不相信什么天才，甚至有人把天才定义为潜能升华的结果。一位大学校长认为，天才就是不断努力的结果。

道尔顿是英国物理学家及化学家，他不承认自己是什么天才，约翰·亨特曾评论他："他的心灵就像一个蜂巢一样，从外表看来是一片混乱、杂乱无章，到处充满嗡嗡之声，实际上一切都整齐有序。每一点食物都是通过勤劳在大自然中精心采集的。"道尔顿认为他所取得的一切成就都是靠勤奋、靠点滴积累而成的。翻一翻一些大人物的传记，我们可以发现，大多杰出的发明家、艺术家、思想家和各种著名的工匠，他们之所以能成大事，在很大程度上都归功于非同一般的勤奋和持之以恒的毅力。

英国作家兼政治家狄斯累利（1804—1881年，于1874—1880年任首相）认为，要成大事就必须有自己的强项，而要获得强项，只有通过连续不断的苦心钻研，除此别无良策。正如意大利民谚所云："走得慢且坚持到底的人才是真正走得快的人。"因此，从很大程度上讲，那些拥有强项的人并不是严格意义上的天才人物，而是那些智力平平但却非常勤奋、埋头苦干的人，不是那些天资卓越、才华横溢的天才，而是那些不论在哪个行业都刻苦劳作、奋斗不息的人。

有一位事业有成的女性在谈及她那才华横溢却毫不努力的儿子时曾慨叹："唉！他太缺少坚持到底、顽强拼搏的这份毅力，如何能成大器？"天赋过人的人如果没有毅力和恒心作为基础，只会成为转瞬即逝的火花，无法挖掘自己的潜能。即使是在一些最简单的事情上，持之以恒的磨炼也会产生惊人的结果。拉小提琴看起来十分简单，但要使之成为自己的强项，必须花费很多精力去反复练习。

有一个年轻人曾问卡笛尼学拉小提琴要多长时间，卡笛尼回答道："每天十二个小时，连续坚持十二年。"一个芭蕾舞演员要练就一身绝技，不知道要流下多少汗水、饱尝多少苦头，一招一式都要花费难以想象的辛劳。芭蕾舞演员泰祺妮在准备她的夜晚演出之前，往往得接受她父亲两个小时的严训，等到歇下来时已是筋疲力尽，有时甚至达到完全失去知觉的地步。舞台上她那轻灵如飞的舞步，往往令人心旷神怡，但舞台下她的勤奋耕耘又是平常人所不能想象的。常言道：台上一分钟，台下十年功。这十年功的酸甜苦辣，泰祺妮作为一个芭蕾舞演员似乎有更深刻的体会。

对于想成大事的人来说，勤奋是最好的资本，只要你足够勤奋，就能开发自己的潜能，发挥自己的强项。一点点进步都是来之不易的，任何伟大的事业都不可能轻易成功。许多著名的科学家和发明家的一生就是顽强拼搏、刻苦奋斗的一生。

比别人做得更多更彻底

谚语有云："工作中的傻子永远比睡在床上的聪明人强。"对于那些刚刚踏进社会的年轻人来说更是如此。要想取得成功，必须做得更多更好，成功的人永远比一般人做得更好更彻底。

每一个人都应牢记一句俗语："对未来的真正慷慨在于向现在献出一切。"如果你能成功地选择工作态度，那么幸福就会找到你。

"马无夜草不肥，人无勤劳不富"，所以在工作中，你只有比别人做得更多更彻底，你才能够在职场的"秋天"收获丰硕的果实。

我们一定要有所作为，不能枉度人生。有一些人，他们得过且过，事不关己，高高挂起，本着独善其身的原则半庸过活。这样的人迟早会葬身于生活的海洋，与海草同腐。

在柯金斯担任福特汽车公司总经理时，有一天晚上，公司里因有十分紧急的事，要发通告信给所有的营业处，所以，需要全体员工协助。不料，当柯金斯安排一个做书记员的下属去帮忙套信封时，那个年轻的职员傲慢地说："这不是我的工作，我不干！我到公司里来不是做套信封的工作的。"

听了这话，柯金斯一下就愤怒了，但他仍平静地说："既然这件事不是你分内的事，那就请你另谋高就吧！"

每一个员工要想纵横人生，乘风破浪，除了尽心尽力做好本职工作，还要比别人多做一些分外的工作。多做一点点，可以让你时刻保持昂扬的斗志，在工作中不断地激发自己，充实自己。当然，分外的工作，也会让你拥有更多的表演舞台，让你把自己的才华适时地表现出来，引起别人的注意，同时得到老板的重视和认同。

当其他人放弃的时候，你要去继续找寻下一位顾客。

当顾客拒绝你的时候，你要继续追问："您到底需要什么？"

当顾客不买的时候，你仍然要坚持去调查了解："您为什么不买？"

美国一位年轻的铁路邮递员，和其他邮递员一样，用陈旧的方法分发着信件。大部分的信件都是凭这些邮递员不太准确的记忆拣选后发送的，因此，许多信件往往会因为记忆出现差错而无谓地耽误几天甚至几个星期。于是，这位年轻的邮递员开始寻找另外的新办法。他发明了一种把寄往某一地点去的信件统一汇集起来的制度。就是这一件看起来很简单的事，成了他一生中意义最为深远的事情。他的图表和计划吸引了高层的广泛注意，很快，他获得了升迁的机会。5年以后，他成了铁路邮政总局的副局长，不久又被升为局长，从此踏上了美国电话电报公司总经理的路途。他的名字叫西奥多·韦尔。

做出一些人们意料之外的成绩来，尤其留神一些额外的责任，关注一些本职工作之外的事——这就是韦尔获得成功的原因。

萨姆是一家连锁超市的打包员，日复一日地重复着几乎不用动脑甚至技巧也不复杂的简单工作。但是，有一天，他听了一个主题为建立岗位意识和重建敬业精神的演讲，便想如何通过自身的努力使自己的单调工作变得丰富起来。他让父亲教他如何使用计算机，并设计了一个程序，然后，每天晚上回家后，他就开始寻找"每日一得"，输入微机，再打上好多份，在每一份的背面都签上自己的名字。第二天，他给顾客打包时，就把这些写着温馨有趣或发人深省的"每日一得"纸条放入买主的购物袋中。

结果，奇迹发生了。一天，连锁店经理到店里去，发现萨姆的结账台前排队的人比其他结账台多出3倍！经理大声说："多排几队！不要都挤在一个地方！"可是没有人听，顾客们说："我们都排萨姆的队——我们想要他的'每日一得'。"一个妇女走到经理面前说："我过去一个礼拜来一次商店。可现在我路过就会进来，因为我想要那个'每日一得'。"

一个普通的小职员萨姆的创造激发了很多人的灵感：在花店中，员工要是发现一朵折坏的花或用过的花饰，他们会到街上把它们给一个老太太或是小女孩戴上。一个卖肉的员工是史努比的"发烧友"，就买了5万张史努比的不干胶面，贴到每一个他卖出的货物上。

人生面临的最致命的挑战不是天灾人祸也不是改变命运的选择，而是日复一日、年复一年、重复而又极其枯燥的每一天的工作。能在旷日持久的平凡工作中孕育伟大，在重复单调的工作中享受生活，才是工作最大的意义。所以，我们要努力在平凡的岗位上创造出不平凡，把简单的事情做得不简单。

许多成功的人都知道要想使自己平凡的工作不再平凡，就要明白一个道理——超过别人所期望你做的，你就会如愿以偿。这种额外的工作可以使人对本行业拥有一种宽广的眼界，与此同时获得宽广的机会。

著名的企业家彭尼说："除非你希望在工作中超过一般人的平均水平，否则你便不具备在高层工作的能力。"每个年轻人都应该尽力去做一些他职责范围以外的事，而且要比别人做得更多更彻底，只有这样，你才能将辛劳的汗珠变成丰收的蜜汁。

再多付出一点点

多付出一点点是一种经过几个简单步骤之后，便可付诸实施的原则。它实际上是一种你必须好好培养的心境。你应使它变为成就每一件事的必要因素。

如果你愿意提供超过所得的服务，迟早会得到回报。你所播下的每一颗种子都必将会发芽并带来丰收。你一生中所得到的最好的奖赏，就是你因以正确心态提供高品质服务，而为你自己带来的奖赏。

巴恩斯是一位意志坚定，但却没有什么资源的人。他决定要和当代一位最伟大的智者爱迪生合作。但是当他来到爱迪生的办公室时，他不修边幅的仪表，惹得职员们一阵嘲笑，尤其当他表明将成为爱迪生的合伙人时，大家笑得更厉害了。爱迪生从来就没有什么合伙人，但巴恩斯的坚持为他赢得了面试的机会，并在爱迪生那儿得到一份打杂的工作。

爱迪生对他的坚毅精神有着深刻印象，但这还不足以使爱迪生接受他作为合伙人。巴恩斯在爱迪生那儿做了数年的设备清洁和修理工，直到有一天他听到爱迪生的销售人员，在嘲笑一件最新的发明品——口授留声机。

他们认为这个东西一定卖不出去，为什么不用秘书而要用机器？

这时巴恩斯却站出来说道："我可以把它卖出去！"从此他便得到这份销售的工作。

巴恩斯用他做杂工时所得的薪水，花了一个月时间跑遍了整个纽约城。一个月之后他卖了 7 部机器。当他抱着满腹的全美销售计划回到爱迪生的办公室时，爱迪生便接受他成为口授留声机合伙人，这也是爱迪生唯一的合伙人。

　　爱迪生有数千位员工为他工作，到底巴恩斯对爱迪生有什么重要性呢？原因就在于巴恩斯愿意展露他对爱迪生发明品的信心，并将此信心付诸实施。同时巴恩斯在达成任务的过程中，也没有要求过多的经费和高薪。

　　巴恩斯所提供的服务已超过他作为杂工的薪水程度，他是爱迪生所有员工中唯一有这种表现的人，也是唯一从这种表现中获得利益的人。

　　为了帮助你时时不忘多付出一点点，我设计了一个非常简单的公式：

　　Q1+Q2+MA=C

　　Q1 表示服务品质（Quality）

　　Q2 表示服务量（Quantity）

　　MA 表示提供服务的心态（Mental Attitude）

　　C 表示你的报酬（Compensation）

　　这里所谓的"报酬"，是指所有进入你生命的东西：金钱、欢乐、人际关系的和谐、精神上的启发、信心、开放的心胸、耐性，或其他任何你认为值得追求的东西。

　　务必要记住报酬的负面意义，金钱很好，但它绝不是使你成功，或使你享受成功果实的唯一要素。切勿忘记金钱以外的其他个性特质，因为无论你提供多少服务，其他人都会认清你所使用的偏颇方法，经过比较之后会出现对你不利的结果，而那些真正具有付出精神的人终将会出头。

一次做好一件事

专注的力量是惊人的，集中精力专注于自己正在做的事情，做起事来不仅轻松、有效率，而且也能够把事情做得更好。那些能够在事业上取得卓越成就的人无一不是做事十分认真投入的人。

在历史上，阿基米德不仅是一位伟大的数学家，还是一位伟大的力学家。他通过大量实验发现了杠杆原理，又用几何演绎的方法推出了许多杠杆命题，并给出了严格的证明。其中就有著名的"阿基米德定理"。不仅如此，阿基米德还是一位十分出色的工程师，他能够把数学和生活中的具体问题结合起来考虑，大胆地运用数学方面的知识去解决天文学和物理学的问题……他之所以能够取得如此辉煌的成就，就是因为他是一个非常投入的人。

据记载，阿基米德钻研数学的时候非常专心，往往因为过于投入而忘记了其他的事情。比如在冬天吃饭的时候，他就坐在火盆旁边，一只手端着饭碗，一只手在火盆的灰烬里比画着，进行各种数学习题的运算，因过于投入，常常都忘了吃饭。

有一次，因为一道数学题没有找到答案，他很长时间都把自己关在房间里苦思冥想，由于一直没有时间去洗澡，他身上的污垢散发出一股难闻的气味。在家人的一致要求下，阿基米德才勉强进了浴室。

那时候的人们都有个习惯，洗完澡之后要往身上擦香油膏。阿基米德待在浴室里好半天还不出来，家里人感到十分奇怪。他们站在门外喊了几声，可是一点回应也没有。这是怎么回事？会不会出了什么意外？

家人赶紧推开门，令人哭笑不得的是，他们发现阿基米德已经忘了自己是在洗澡，他把浴室当成了工作室，正坐在浴盆的边缘，用手指头蘸着香油膏在皮肤上画几何图形哩！

伊格诺蒂乌斯·劳拉有一句名言："一次做好一件事情的人比同时涉猎多个领域的人要好得多。"在太多的领域内都付出努力，就难免会分散精力，阻碍进步，最终一无所成。和阿基米德一样，著名的科学家居里夫人也有着非凡的专注精神。

居里夫人小时候读书很专心，完全不知道周围发生的一切，即使别的孩子为了跟她开玩笑，故意发出各种使人不堪忍受的喧哗声，都不能把她的注意力从书本上移开。有一次，她的几个姊妹恶作剧，用6把椅子在她身后造了一座不稳定的"木塔"。她始终在认真看书，一点也没有发现头顶上的危险。突然，"木塔"轰然倒塌，引起周围的孩子们的哄笑。

化学家告诉我们，如果把4047平方米草地所具有的全部能量聚集在蒸汽机的活塞杆上，那么它所产生的动力足以推动世界上所有的磨粉机和蒸汽机。但是，因为这种能量是分散存在的，所以从科学的角度来说，它基本上毫无价值可言。这也说明，能量一旦聚焦于一点，将会产生多么大的动力。

圣·甲奥纳多在一封给福韦尔·柏克斯顿爵士的信中谈到他的学习方法，并解释自己成功的秘密。他说："开始学法律时，我决心吸收每一点有用的知识，并使之同化为自己的一部分。在没有充分了解清楚一件事之前，我绝不会开始学习另一件事情。"

专注是成功的重要保证。一位记者问爱迪生："成功的首要条件是什么？"他回答道："如果你有一种能够让自己的身心全部投入同一个问题上而且不知疲倦、锲而不舍的能力，你离成功就不远了。我们每个人拥有的学习、工作、生活的时间差不多，早上 7 点起床晚上 11 点睡觉。之所以我能够取得成功，是因为他们会在这些时间里做许多许多的事情，而我只做一件，这就是区别。倘若他们将时间和精力放到同一个方向上，他们也能成功。"

一旦专注某种事物，人们会将自己有限的资源投入这种事物，对于别的事物则不会产生兴趣，从而节约了时间和精力。这种专注能够让你的思维处于连续的工作中，积极地思考必将取得好的结果。同时，专注会蓄积你全身的热忱，你的思维、你的行动会变得积极而迅速。

天才，首先是注意力

注意力集中，做事专注对我们来说是一件十分重要的事。保持良好的注意力，是大脑进行感知、记忆、思维等认识活动的基本条件。在我们的学习过程中，注意力是打开我们心灵的门户，而且是唯一的门户。门开得越大，我们学到的东西就越多，但是一旦注意力涣散了或无法集中，心灵的门户就关闭了，一切有用的信息都无法进入。

每个人的精力和时间都是有限的，一心多用不可能做好事情，人如果能够专心致志，那么什么事情办不到呢？聪明的人懂得专注的重要性，他们做事的时候，坚决不让自己的精力分散开来。只有这样，人才能坚持一件事而最终取得成功。"集中注意力"听起来似乎很简单，而真正做起来还是有难度的，因为这要求我们专心，不受外界的干扰。

一个公园里，一位在当地很有名望的主教在花园里虔诚地祷告。就在这时候，一名心慌意乱的女士跑过来，她刚会走路的孩子不见了，她焦急地在寻找。由于她的心情太过急切，并没有注意到跪在那里祈祷的主教，结果在他身上绊了一跤后，半句道歉的话也未说，就走了。

主教被那位女士踩了一脚后，心中很不高兴。就在他将要祈祷完时，那位女士找到了小孩，高高兴兴地走回来。一看到主教满面怒容地站在那里，她不禁吃了一惊。主教看着一头雾水的女士说："您可不可以解释一下刚才的行为？"女士回答说："对不起，主教，我刚才一心惦念着孩子的安危，所以没有注意到您在那里。当时，您不是正在祈祷吗？您所祈祷的对象，不是比我的孩子还要珍贵千万倍吗？您怎么还会注意到我呢？"听了这些话主教低头不语。

在现实生活中，我们常常会被一些事物干扰，以至于无法专注于眼前的事，这让我们注意力涣散，做事效率低下。注意力分散，主要表现为无法将心理活动指向某一具体事物，或者是无法将全部精力集中到这一事物上来，而且也无法抑制对无关事物的注意。做事情不专注，时间长了，容易造成心理压力过大，造成高度的紧张和焦虑，从而产生注意力无法集中的障碍。另外，还有可能造成睡眠不足，大脑得不到充分休息，天长日久，人就会处在一种精神萎靡的状态。

在正常情况下，注意力使我们的心理活动朝向某一事物，有选择地接受某些信息，而抑制其他活动和其他信息，并集中全部的心理能量用于所指向的事物。所以说，良好的注意力会提高我们工作与学习的效率。做事情专注就得集中注意力，这首先要求我们有好的睡眠习惯，睡眠可以让我们的机体充分休息，其次要做些放松训练，学习自我减压。一旦开始做一件事情，就要迅速地集中自己的注意力，这是一种才能。

注意力不集中，就不能专注于眼前的事，就会胡思乱想，把时间都耗费在没有任何意义的胡思乱想上。常用的克制方法如下。

一是假物法。就是利用身边的人或事物提醒自己，自己正在干什么，以防走神。

二是感官刺激法。比如，在疲劳的时候搓热双掌，然后轻轻地按住眼睛部位少许，接着轻轻拍打双颊，并且反复向上揉搓。这样可以让我们恢复部分精力，放松心情。

三是运动法。这是很多人都经历过的一种克服注意力不集中的方法。人们发现，在人体进行一定量的活动后，大脑思维更容易进入工作状态。于是就有人提出了劳逸结合来对待学习和工作。

还有很重要的一点是要发现自己工作或做事的兴趣所在。人只有在做自己感兴趣的事情时精神才会高度集中。爱迪生在实验室里可以两天两夜不睡觉，可是一听音乐便会呼呼大睡。可见，注意力与兴趣有着直接的关系。兴趣越大的事情，对人的刺激越大，兴奋程度就越高，注意力也就更容易集中。

洛克菲勒说："善于排除外界因素的干扰，也是我们提高注意力的一个重要方面。"他为我们提供了两种可供选择的办法：一种是闹中取静；一种是闭门谢客。一心一意地专注于自己的工作，几乎是每一个成功人士必备的品质。当你能够专注地做每一件事时，成功也就指日可待了。

集中注意力还应该注意，一次不要同时关注多件事情。一个人的精力和时间本来就是很有限的，如果选不准目标，到处乱闯，只能任时光匆匆溜掉。如果想取得突破性的进展，就该像学打靶一样，迅速瞄准目标，像激光一样，把精力聚于一束。

第十一章

细节之中有"魔鬼"

万事皆因小事起

大事情都是由小细节累积而成的。一位伟人说过：上帝与细节同在。从一声鸟鸣中，你可以听见春天的脚步，从一片浓荫中你可以感知夏天的心情，从一片枫叶中你可以认识秋天的颜色，从一朵雪花中你可以体味冬天的温度。所罗门说过，"万事皆因小事起"，而克里米亚战争的爆发正是这句名言的一个有力例证。

克里米亚战争造成了巨大的人员伤亡和财产损失，英国、法国、土耳其和俄国等都被牵连了进来，而战争最初却是因一把钥匙而起。

土耳其宣称，耶路撒冷圣墓中的一个神龛归土耳其的基督教会所有，于是就把神龛锁了起来，并且拒绝交出钥匙。这一行为使得希腊的教会很恼火。后来，争端不断升级。于是，俄国作为希腊的保护国，法国作为拉丁教会的代表也参加了进来。形势开始变得复杂起来。俄国要求土耳其对希腊的教会进行补偿，但土耳其拒绝这一要求。由于英国传统上就有保护土耳其人的习惯，在这场纠纷中他们理所当然地站在土耳其人的一边，同他们结成联盟共同反对法国和俄国。就是这样芝麻粒大小的事情，引发了这场巨大的纠纷。

细节充斥着我们的生活，细节也改变着我们的生活。我们注意到，生活中注重细节的人，生活品质往往更高，工作中注重细节的人，工作往往完成得更出色。无论做什么事情，细节万万不可忽视，否则就有可能付出极其惨重的代价。

国王理查三世准备拼死一战了。里奇蒙德伯爵亨利带领的军队正迎面扑来，这场战斗将决定由谁来统治英国。

战斗进行的当天早上，理查派了一个马夫去备好自己最喜欢的战马。

"快点给它钉掌，"马夫对铁匠说，"国王希望骑着它打头阵。"

"你得等等，"铁匠回答，"我前几天给国王全军的马都钉了掌，现在我得找点儿铁片来。"

"我等不及了。"马夫不耐烦地叫道，"国王的敌人正在推进，我们必须在战场上迎击敌军，有什么你就用什么吧。"

铁匠埋头干活，从一根铁条上弄下四个马掌，把它们砸平、整形，固定在马蹄上，然后开始钉钉子。钉了三个掌后，他发现没有钉子来钉第四个掌了。

"我需要一两个钉子，"他说，"得需要点儿时间砸出两个。"

"我告诉过你我等不及了，"马夫急切地说，"我听见军号了，你能不能凑合？"

"我能把马掌钉上，但是不能像其他几个那么结实。"

"能不能挂住？"马夫问。

"应该能，"铁匠回答，"但我没把握。"

"好吧，就这样，"马夫叫道，"快点，要不然国王会怪罪到咱们俩头上的。"

两军交上了锋，理查国王冲锋陷阵，鞭策士兵迎战敌人。"冲啊，冲啊！"他喊着，率领部队冲向敌阵。远远地，他看见战场另一头几个自己的士兵退却了。如果别人看见他们这样，也会后退的，所以理查策马扬鞭冲向那个缺口，召唤士兵调头战斗。

他还没走到一半，一只马掌掉了，战马跌翻在地，理查也被掀在地上。

国王还没有抓住缰绳，惊恐的战马就跳起来逃走了。理查环顾四周，他的士兵们纷纷转身撤退，敌人的军队包围了上来。

他在空中挥舞宝剑，"马！"他喊道，"一匹马，我的国家倾覆就因为这一匹马。"

他没有马骑了，他的军队已经分崩离析，士兵们自顾不暇。不一会儿，敌军俘获了理查，战斗结束了。

从那时起，人们就说：

少了一个铁钉，丢了一只马掌，

少了一只马掌，丢了一匹战马。

少了一匹战马，败了一场战役，

败了一场战役，失了一个国家。

所有的损失都是因为少了一个马掌钉。

这个著名的传奇故事出自已故的英国国王理查三世逊位的史实。他于 1485 年在波斯战役中被击败，莎士比亚的名句"马，马，一马失社稷！"使这一战役永载史册，同时告诉我们一个不负责任的小小的疏忽会带来多么大的灾难。

很多时候，一件看起来微不足道的小事，或者一个毫不起眼的变化，却能改变一场战争的胜负。战场上无小事，这就要求每一位军官和士兵始终保持高度的注意力和责任心，始终保持清醒的头脑和敏锐的判断力，能够对战场上出现的每一个变化、每一件小事迅速做出准确的反应和判断。

我们发现，"战场上无小事"也同样适用于生活，因为，"魔鬼藏于细节"，一番事业的成与败，有时不体现在大是大非的问题之上，而暗含于一些小小的细节之中。

绝不忽视任何细节

我们常说要追求卓越，其实卓越就是苛求细节的具体表现。卓越并非高不可攀，也不是遥不可及，只要我们认真从自己做起，从日常的每一件小事做起，并把它做精做细，就可以达到卓越的境界。

密斯·凡·德罗是20世纪世界四位最伟大的建筑师之一，他反复强调的是：不管你的建筑设计方案如何恢宏大气，如果对细节的把握不到位，就不能称之为一件好作品。细节的准确、生动可以成就一件伟大的作品，细节的疏忽会毁坏一个宏伟的规划。

当今全美国的大戏剧院不少出自凡·德罗之手。他在设计每个剧院时，都要精确测算每个座位与音响、舞台之间的距离以及因为距离差异而导致的不同的听觉、视觉感受，计算出哪些座位可以获得欣赏歌剧的最佳音响效果，哪些座位最适合欣赏交响乐，不同位置的座位需要做哪些调整方可达到欣赏芭蕾舞的最佳视觉效果，等等。而且更重要的是，他在设计剧院时要一个座位一个座位地去亲自测试和敲打，根据每个座位的位置测定其合适的摆放方向、大小、倾斜度、螺丝钉的位置等。

他这样细致周到地考虑，使他成为一个伟大的建筑师。和密斯·凡·德罗一样，美国著名的建筑大师莱特在做每一件事时，都将细微之处做到了完美。

在莱特毕生许多作品中，最杰出且脍炙人口的也许要算坐落于日本东京的抗震的帝国饭店。这座建筑物使他名列当代世界一流建筑师之林。1916年日本小仓公爵率领了一批随员，代表日本政府前往美国聘莱特建一座不畏地震的建筑。莱特随团赴日，将各种问题实地考察了一番。发现日本的地震是继剧震而来的波状运动，于是断定许多建筑物之倒塌实际上是因为地基过深、过厚。过深、过厚的地基会随着地壳移动，而使建筑物坍塌下来。

他决定将地基筑得很浅，使之浮在泥海上面从而使地震无从肆虐。

莱特决定尽量利用那层深仅八尺的土壤。他所设计的地基系由许多水泥柱组成，柱子穿透土壤栖息在泥海上面，可是这种地基究竟能不能支持偌大一座建筑物呢？莱特费了一整年工夫在地面遍击洞孔从事实验。他将长八尺、直径八寸的竹竿插进土里，随即很快抽出来以防地下水冒出，然后注入水泥，他在这种水泥柱上压以铸铁，测验它能负担的重量。结果成绩甚为惊人，根据帝国饭店的预计总重量，他算出了地基所需的水泥柱数，在各种数据准确的情况下，大厦动工了。筑墙所用的砖也经过他特别设计，厚度较常加倍。1920年帝国饭店正式完工，莱特返美。

三年之后一次举世震骇的大地震突袭东京与横滨。当时莱特正在洛杉矶创建一批水泥住宅，闻讯坐卧不宁，等待着关于帝国饭店的消息。

一连数日毫无消息，到了某天凌晨3点，莱特的旅店寓所里电话铃声狂鸣。"喂！你是莱特吗？"听筒内传来一阵令人沮丧的声音："我是洛杉矶检验报的记者。我们接到消息说帝国饭店已被地震毁了。"

数秒钟后他坚强地回答道："你若把这消息发出去，包你会声明更正。"

十天之后，小仓公爵拍来了一通电报："帝国饭店安然无恙，从此成为阁下天才之纪念品。"帝国饭店在整个灾区中竟因是唯一未受损害的房屋而成了万千灾民的归宿。

小仓公爵的贺电顷刻间传遍全球。莱特成了妇孺皆知的设计师。

生活中我们经常会发现，那些功成名就的人，在功成名就之前，早已默默无闻地努力工作过很长一段时间了。成功是努力积累的结果，更是苛求工作细节的最佳诠释。

在实际工作中，不论你是一名老总还是普通员工，唯有把"每一件寻常的事做得不寻常才好"。苛求细节的尽善尽美，才是走向成功的最佳途径。如果凡事你都没有苛求完美的积极心态，那么你永远无法达到成功的顶峰。

追求每个细节的精益求精

阿尔伯特·哈伯德说，如果你能够真正地做好一枚曲别针，要比制造一架粗陋的蒸汽机更有价值。

罗丹是一位闻名于世的雕塑家。有一天，罗丹在他的工作室向一位来访者解释——为什么自这位参观者上次来参观到现在，他都一直忙于这一个雕塑的创作，而迄今还有一部分仍未完成。罗丹一边用手指着雕塑一边认真地说："这个地方，我仍需要再润色一下，让它看起来更加光彩夺目，这样整个面部的表情会因为光彩的增加而更柔和。当然在它的衬托下，"他又用手指了一下说，"那块肌肉也会显得强健有力。然后呢，"他顿了一下说，"嘴唇会更富有表情。当然，全身会因为以上的种种而显得更加有力度。"

那位来访者听了罗丹的介绍，疑惑不解地说："您所说的相对于这座雕像来说，好像都是些琐碎之处，它们在整个雕像中并不是那么引人注目！"

罗丹回答道："也许如此，但是你一定要知道，也正是你所说的这些琐碎的、不引人注目的细小之处才使整个作品趋于完美呀！而对一件作品来说，做好完美的细小之处可不是件小事情呀！"

那些凡是能够在事业上取得卓越成就的人大都是像罗丹一样认真地对待自己要做的事情，他们做事精益求精，尽善尽美。事实证明，一个人只有抱着精益求精的态度去做事，才能把事情做到尽善尽美。

美国前国务卿基辛格博士，在诸事繁忙之时，仍然坚持让自己的下属不断地培养对细节关注的习惯。当他的助理呈递一份计划给他，数天之后，该助理问他对其计划的意见时，基辛格和善地问道："这是不是你所能做的最佳计划？"

"嗯……"助理犹疑地回答："我相信再做些改进的话，一定会更好。"

基辛格立刻把那个计划退还给他。

努力了两周之后，助理又呈上了自己的成果。几天后，基辛格请该助理到他办公室去，问道："这的确是你所能拟订的最好计划了吗？"

助理后退了一步，喃喃地说："也许还有一两点可以再改进一下……也许需要再多说明一下……"

助理随后走出了办公室，腋下夹着那份计划，他下定决心要拟出一份任何人——包括亨利·基辛格都必须承认的"完美"计划。

这位助理日夜工作，有时甚至就睡在办公室里，三周之后，计划终于完成了！他很得意地跨着大步走入基辛格的办公室，将该计划呈交给国务卿。

当听到那熟悉的问题"这的确是你能做的最最完美的计划了吗"时，他激动地说："是的，国务卿先生！"

"很好。"基辛格说，"这样的话，我有必要好好地读一读了！"

基辛格虽然没有直接告诉他的助理应该做什么，然而却通过这种严格的要求来训练自己的下属怎样完成一份合格的计划书。

很多年轻人做事情多数都像例子中的那名下属一样，浅尝辄止，往往在事情还没有臻于完美的时候便匆匆了事，结果自然是错漏百出，不尽如人意。

俗话说，"慢工出细活"，要做好一件事情，就必须认真细致地做好每一个细节，追求每一个细节的完美，这样才能将事情做到尽善尽美。

1886年，为了纪念自由精神强烈的美利坚合众国成立，法国政府送给美国一座雕刻历时10年、高约46米的自由女神像。女神的外貌设计源于雕塑家的母亲，高举火炬的右手则以雕塑家妻子的手臂为蓝本。这座自由女神像象征着美国人民的自由精神。直至今日，这座雕像依然是美国最具代表性的景观之一，而且随着时代的发展，自由女神像历经沧桑，它几乎已经成为全球所有为自由而奋斗的人心目中神圣的向往。

人们怀着这种神圣的向往，从四面八方涌来，为的就是一睹自由女神的风采。在雕像耸立于美国自由广场多年以后，有一位画家和朋友一起乘坐一架私人小飞机飞到了距离地面约91米的高空，画家和他的朋友已经清楚地看到了自由女神像头部的所有细节：一缕缕飘逸而韧性十足的头发，丰富的脸部表情，额头、鼻翼两侧还有耳郭边的每一个线条，以及坚定地盯着前方、充满火热激情的眼睛……所有的一切都被雕塑家表现得栩栩如生。这位画家素以对作品无比挑剔和苛刻著称，但是看到眼前美轮美奂的自由女神像，他也不由得赞叹，简直是巧夺天工。

在1886年之前，飞机还没有被发明制造出来，而雕塑家却尽其所能地完成雕像的每一个部分，丝毫没有忽略其中的任何一个细节。

多年前，这位雕塑家用自己的双手一刀一锉地刻出每一个完美的细节，即使是最细微、最不可能为人所注意的部位也没有丝毫马虎，他甚至不考虑自己精心雕刻的某些细节可能人们永远都不会看到。他始终没有放松对自己的要求，他在巨大的自由女神像上一刀一刀地刻着，在他眼中只有手中的刀锉和刀锉下的完美细节。也正是因为雕塑家鬼斧神工的雕刻技术，以及他对于完美细节的不懈追求，巨大的自由女神像才以近乎完美的形象展现在人们面前，同时展现在人们眼前的还有雕塑家的精巧技艺及其通过每一个细节向人们传递的自由精神。

这位自由女神像的雕塑者就是弗雷德里克·奥古斯塔·巴托尔迪。他的名字将和自由女神像一样流传千古，他向人们传递的自由精神将会被千万代的人所铭记。

弗雷德里克的雕刻为我们带来这样的启示：只有认真才能够将事情做到尽善尽美。年轻人要成就一番事业，就必须养成这种做事认真、精益求精的习惯。

成功自小处着手

日本东京贸易公司有一位专门负责为客商订票的小姐，她给德国一家公司的商务经理购买往返于东京、大阪之间的火车票。不久，这位经理发现了一件趣事：每次去大阪时，他的座位总是在列车右边的窗口，返回东京时又总是靠左边的窗口。经理问小姐其中缘故，小姐笑答："车去大阪时，富士山在你右边，返回东京时，山又出现在你的左边。我想，外国人都喜欢日本富士山的景色，所以我替你买了不同位置的车票。"就这么一桩不起眼的小事使这位德国经理深受感动，促使他把与这家公司的贸易额由 400 万马克提高到 1200 万马克。

把每件简单的事做好就是不简单，把每一件平凡的事做好就是不平凡。世界上没有什么事小到不需要我们用心去关注，世界上也没有什么事大到我们用心也无法达成。我们可以发现，宇宙中的万事万物都是从小变成大的。所有顶尖成功人士也都是从小事做起，慢慢做大事的。一个人的大成就是小成就的累积。

雷纳经理决定在威尔士和麦得利两人之间选择一个人做自己的助理。为了体现民主与公正，雷纳经理便决定由全体员工投票选举。投票结果却出人意料，威尔士和麦得利的得票数竟然相同。雷纳经理犯难了，便决定亲自对两人进行一番考察，然后再做决定。威尔士和麦得利觉得这样做也很公平，便都欣然同意了。

一天，雷纳经理在餐厅里吃饭。用餐时，他看见威尔士吃过饭后，把餐盘都送进了清洗间，而麦得利呢，吃完后一抹嘴巴，便把餐盘推到了餐桌的一边，然后起身走了。

又有一天，雷纳经理很随意地走进威尔士的办公室，只见威尔士正在做下个月的销售计划，便问威尔士："每次都是你亲自做销售计划？为什么不让下面分店的负责人去做呢？"

"是的，我总是亲自做销售计划，这样我既能从总体上把握，又能做到心中有数。再说，这样的小事，就麻烦下面分店的负责人，我觉得也没有必要。"

雷纳经理又背着手踱到麦得利的办公室，麦得利正在看一份销售计划。

"这是你自己做的计划吗？"雷纳经理问。

"这样的小事我一般都让下面的分店负责人来做，我只管大的销售计划。"

"那么你有成熟的销售计划吗？"

"这个……这个……我还没有。"

第二天，雷纳经理便宣布威尔士为自己的助理。

威尔士之所以能当上经理助理，主要得益于他不放过任何一件小事，不小看任何一件小事，并且认真地做好每一件小事。

不过对于小事，很多人都不愿意去做，但成功者与一般人最大的不同就是他愿意做别人不愿意做的事情。一般人都不愿意付出这样的代价，可是成功者愿意，因为他渴望成功。

其实，小事不小，做小事虽然只是举手之劳，可就是在你的举手投足之间，才能体现出你的细心、你的敬业，才能体现出你的与众不同。

马丁·路德·金博士深谙这一原则的价值。他说："尽管人们的能力、背景甚至选择都各不相同，但都可以出色地完成身边的小事。"他曾写道："如果你是清洁工，那么你就认真清扫马路吧，就像贝多芬作曲、莎士比亚写诗、伦勃朗作画一样。这样，当你离开这个世界去到天堂时，天主就会说：'这是一个尽职尽责的清洁工。'"

从小处着手，做好每一件小事，以后你一定能成就一番大事业的。年轻人不论在学习上、生活上，都做好每一个细节，相信他的成绩一定会非常优异，人生会越来越辉煌。

任何工作都需要一颗认真的心

只有认真才能够将事情做好。年轻人要有所成就，就应当学会认真。

有人问罗斯福总统夫人："尊敬的夫人，你能给那些渴求成功的人，特别是那些年轻的、刚刚走出校门的人一些建议吗？"

总统夫人谦虚地摇摇头说："不过，先生，你的提问倒令我想起我年轻时的一件事。那时，我在本宁顿学院念书，想边学习边找一份工作做，最好能在电信业找份工作，这样我还可以修几个学分。我父亲便帮我联系，约好了去见他的一位朋友——当时任美国无线电公司董事长的萨尔洛夫将军。

"等我单独见到了萨尔洛夫将军时，他便直截了当地问我想找什么样的工作，具体是哪一个工种。我想：他手下的公司的每一个工种我都喜欢，无所谓选不选了，便对他说随便哪份工作都行。

"只见将军停下手中忙碌的工作，目光注视着我，严肃地说：'年轻人，世上没有一类工作叫随便，成功的道路是由目标铺成的！'

"将军的话让我面红耳赤，这句发人深省的话，伴随我的一生，让我以后一直非常努力地对待每一份工作。"

罗斯福总统夫人的故事告诉我们：对待工作，不可有随便的态度，否则工作和人生都将一事无成。

如果一个人想要改变眼前充满不幸或者不尽如人意的情况，只要回答这个简单的问题："我希望情况变成什么样？"然后全身心投入，采取行动，朝理想目标前进即可。

没有任何工作会接受随便、马虎的工作态度，如果有工作要做，就应该立刻做好。如果工作时你发现自己毫无准备，就不该怪命运女神，而应该埋怨自己。

每个人都需要有认真的做事风格和习惯，粗心马虎、做事差不多就行的习惯是可以改变的。下面就是几种改掉马虎习惯的方法，可以帮你去掉"差不多先生"的"头衔"。

（1）集中精力，重视眼前。把注意力集中在我们的现实世界中，不要太多地追悔过去，不要沉溺于冥想未来，而应全力以赴把握眼前，重视当下的学习和生活。

（2）排除干扰，稳定情绪。每个人的心理能量都是有限的，如果被过多杂务干扰，心绪烦乱，情绪不稳，我们就容易注意力涣散，就很难做到全神贯注。要真正做到细心谨慎，必然要处理好自身的各种心理困惑，保持一颗平静的心，正所谓"宁静而致远"。

（3）赋予自己责任，切实用心。任何事情，都是事在人为。同样一件事，能够负责任、切实用心，就可能成就一篇杰作；如果毫不在乎，不当回事，就可能竹篮打水一场空。只要能够负起责任，油然而生的一种神圣的责任感和使命感，就有可能激发我们全部的智慧，调动我们无穷的潜力。因此从这个意义上说，细心很大程度上依赖于责任心。

（4）培养兴趣。我们深知，一旦自己对于某事有了浓厚兴趣，常能乐此不疲、流连忘返，也就能够精心钻研、细心考量。如果缺乏兴趣，就容易心猿意马、朝三暮四，难以做到持久的静心、细心，更不可能保持足够的耐心。我们理应认识到自身优势，做自己想做又能做的事情，然后将潜力发挥到极致，才能真正维持住持久的细心。

多一份专注就多一份成就

在荷兰，有一位刚刚初中毕业的青年农民，在一个小镇找到了为镇政府看门的工作。从此他就没有离开过这个小镇，也没有再换过工作。

他太年轻，工作也太清闲，总得打发时间。他选择了又费时又费工的打磨镜片，当作自己的业余爱好。就这样，他磨呀磨，一日复一日，一年又一年，一磨就是60年。他是那样得专注和细致，锲而不舍。他的技术早已超过专业技师了，他磨出的复合镜片的放大倍数，比专业技师磨出的都要高。他老老实实地把手头上的每一块玻璃片磨好，可以说用尽了毕生的心血。借助打磨的镜片，他发现了当时科技尚未知晓的另一个广阔的世界——微生物世界。从此，他名声大振。只有初中文化的他，被授予了在他看来是高不可攀的巴黎科学院院士的头衔，就连英国女王也到小镇拜会过他。

创造这个奇迹的小人物，就是科学史上鼎鼎大名的、活了90岁的荷兰科学家凡·列文虎克。

铁杵之所以能磨成针，就在于老妇人的专注与恒心，做任何事倘若失去了这一种精神，就不能指望收获成功的喜悦。用一颗诚挚的心做事，才有一份辉煌的事业存在。

在巴黎市中心的两条大街的交叉口，有一座名为"巴尔扎克纪念碑"的塑像。这座塑像上的巴尔扎克，昂着头，披散着发，用嘲笑和蔑视的目光注视着眼前的光怪陆离的花花世界。然而巴尔扎克却好像没有双手，这是怎么回事呢？

这座塑像是近代欧洲雕塑大师罗丹的作品。为了创作出这件作品，理解和体会这位《人间喜剧》作者的思想感情，表达出巴尔扎克的内在神韵，罗丹仔细阅读了巴尔扎克的全部重要作品，认真钻研了有关巴尔扎克的评论文章和传记作品。

不仅如此，罗丹对塑像的创作态度极端认真。当时塑像的委托者限定18个月完成，并给了罗丹1万法郎定金。罗丹为了避免因时间仓促而粗制滥造，退回了1万法郎，并要求多给他一些时间。

在塑像的创作过程中，罗丹还经常征求别人的意见。

一天深夜，罗丹在他的工作室里刚刚完成巴尔扎克的雕像，独自在那里欣赏。他面前的巴尔扎克身穿一件长袍，双手在胸前叠合，表现出一种一往无前的气势。兴奋的罗丹迫不及待地叫醒一名学生，让他来评价自己的作品。

　　这位学生怀着惊喜的心情欣赏着老师的杰作，目光渐渐地集中在雕像的那双手上。"妙极了，老师！"这位学生叫道，"我从来没有见过这样一双奇妙的手啊！"听到这样的赞美，罗丹脸上的笑容消失了，他匆匆跑出工作室，又叫来另一个学生。"只有上帝才能创造出这样一双手，它们简直和活的一样。"学生用虔诚的口吻说道。罗丹的表情更加不自然了，他又叫来第三个学生。这个学生面对雕像，用同样尊敬的口气说："老师，单凭您塑造的这双手，就可以使您名垂千古了。"此时的罗丹已经变得异常激动，他不安地在屋内走来走去，反复端详这尊雕像。突然，他抄起斧头，果断地砍掉了那双"举世无双的完美的手"。学生们被老师的举动惊呆了，一时不知说什么才好。罗丹用平静的口气对他们说："孩子们，这双手太突出了，它们已经有了自己的生命，不属于这座雕像的整体了。"沉思了一下，他又继续说道："记住，一件完美的艺术品，没有任何一部分比整体更重要。"

　　罗丹就是这样一位为艺术不断追求的人。

　　不论是艺术还是其他工作，我们都需要一种以生命的全部热忱来对待它的精神。你把它当作你的事业，它也就给你所追求的一切。我们要树立这样的理念：要么不做，要做就做到最好。

　　让杰西永远也忘不了的，是她上三年级时的一次午餐。学校排戏时，她被选来扮演剧中的公主。接连几周，母亲都煞费苦心地跟她一道练习台词。可是，无论她在家里表达得多么自如，一站到舞台上，她头脑里的词句便全都无影无踪了。

　　最后，老师只好叫杰西靠边站。她解释说，她为这出戏补写了一个道白者的角色，请她调换一下角色。虽然她的话亲切婉转，但还是深深地刺痛了杰西——尤其是看到自己的角色让给另一个女孩的时候。

那天回家吃午饭时，杰西没把发生的事情告诉母亲。然而，母亲却觉察到了她的不安，没有再提议她们练台词，而是问她是否想到院子里走走。

那是一个明媚的春日，棚架上的蔷薇藤正泛出亮丽的新绿。杰西无意中瞥见母亲在一棵蒲公英前弯下腰。"我想我得把这些杂草统统拔掉。"她说着，用力将它们连根拔起。"从现在起，咱们这庭院里就只有蔷薇了。"

"可我喜欢蒲公英，"杰西抗议道，"所有的花儿都是美丽的，哪怕是蒲公英！"

母亲表情严肃地打量着她。"对呀，每一朵花儿都以自己的风姿给人愉悦，不是吗？"她若有所思地说。

杰西点点头，很高兴自己战胜了母亲。

"对人来说也是如此。"母亲又补充道，"不可能人人都当公主，但那并不值得羞愧。"

杰西想母亲猜到了自己的痛苦，她一边告诉母亲发生了什么事，一边失声哭泣起来。

母亲听后释然一笑。

"但是，你将成为一个出色的道白者。"母亲说，并提醒杰西她是如何爱朗读故事给自己听的。"道白者的角色跟公主的角色一样重要。"

每个行业都能出人才，关键是你要做得足够好。正所谓三百六十行，行行出状元，只要你能做最好的自己，那么你也就会得到你应得的掌声与鲜花。

第十二章

聪明地工作，培养高效能的工作习惯

在行动前设定目标

阿尔伯特·哈伯德先生说过，如果你并不想从工作中获得什么，那么你只能在漫长的职业生涯的道路上漫无目的地漂流。只有目标在前方召唤，才会有进取的动力。

在《爱丽丝漫游奇境记》中，小爱丽丝问小猫咪："请你告诉我，我应该走哪条路呢？"

猫咪说："这在很大程度上看你要去什么地方。"

"去哪我都无所谓。"爱丽丝说。

"那么你走哪条路都可以。"猫咪回答道。

"这……那么，只要能到达某个地方就可以了。"爱丽丝补充道。

"亲爱的爱丽丝，只要你一直走下去，肯定会到达那里的。"

现实中，像爱丽丝那样去哪里都无所谓的员工大有人在。他们在工作中标榜努力工作，勤奋学习，但却从来没有一个工作目标，更谈不上职业规划，他们机械地工作，这种工作状态，是永远无法达到最高效率的。可以毫不过分地说，他们个人的发展会因此走更多的弯路，因为一个人从平凡走向卓越的前提是确定工作的目标。

在生命中没有一个中心目标的人，很容易受到一些微不足道的诸如忧虑、恐惧、烦恼和自怜等情绪的困扰。在竞争日趋激烈的现代社会中，这只能导致一个人工作效能和生活质量的下降，甚至会影响到一个人的身体健康。

一位美国的心理学家发现，在为老年人开办的疗养院里，有一种现象非常有趣：每当节假日或一些特殊的日子，像结婚周年纪念日、生日等来临的时候，死亡率就会降低。他们中有许多人为自己立下一个目标：要再多过一个圣诞节、一个纪念日、一个国庆日等。等这些日子一过，心中的目标、愿望已经实现，继续活下去的意志就变得微弱了，死亡率便立刻升高。

世界一流效率提升大师博恩·崔西说："成功最重要的是知道自己究竟想要什么。成功的首要因素是制订一套明确、具体而且可以衡量的目标和计划。"

那么，我们在为自己设定行动目标的时候要注意哪些问题呢？

1. 制订中程目标

目标必须实在，而且不要太遥不可及，应该是在达得到的范围内。千万不要认为自己应该，或是可以在一天内完成所有的事。如果你想成为一个高效能的职场人士，无论做什么事，首先要立足现实，为自己制订一个可行的中程目标。订立中程目标往往是最能克服挑战的方法，因为中程目标的制订是一种更能鼓舞人，也更激励人的过程。

美国通用公司的董事长罗杰·史密斯在进入通用之初，只是一个名不见经传的财务人员。罗杰初次去通用公司应聘时，只有一个职位空缺，而招聘人员告诉他，工作很艰苦，对一个新人会相当困难。他信心十足地对接见他的人说："工作再棘手我也能胜任，不信我干给你看……"

在进入通用工作的第一个月后，罗杰就告诉他的同事："我想我将成为通用公司的董事长。"当时他的上司对这句话不以为然，甚至嘲笑他自不量力，逢人便说："我的一个下属对我说他将成为通用公司的董事长。"

罗杰将自己的目标逐步分解为一个个可以实现的中程目标，然后努力地逐一实现它们。令他的上司没想到的是，若干年后，罗杰·史密斯真的成了通用公司的董事长。

在我们为工作目标奋斗的过程中，不断地用中程目标激励自己是必不可少的一项内容。这时的激励，更多的是一种主观的行为，是一种内心的自我暗示。不断地告诉自己，我的下一个目标是什么，不断为自己制订中程目标，可以让我们离自己心中的最高目标越来越近。

2. 发现你内心真正的需要

你在生活中真正想要的是什么？这个问题看起来很简单，但是意义深刻，它对成功目标的制订至关重要。要得到生活中想要的一切，当然要靠努力和行动。但是，在开始行动之前，一定要搞清楚，什么才是自己真正想要的。要打发时间并不难，随便找点什么活动就可以应付，但是，如果这些活动的意义不是你的本意，那你的生活就失去了真正的意义。

生活中最困难的一个过程就是要搞清楚我们自己究竟想要什么。大多数人都不知道自己真正想要什么，因为我们不曾花时间来思考这个问题。面对五光十色的世界和各种各样的选择我们更不知所措，所以我们会不假思索地接受别人的期望来定义个人的需要和成功，社会标准变得比我们自己特有的需求还要重要。

我们总是太在意别人要我们这样或那样，以至于我们下意识地接受了别人强加给我们的种种动机，结果，努力过后才发现自己的需求一样都没能得到满足。

如果有什么原因使我们总是得不到自己想要得到的东西，这个原因就是你并不清楚自己到底想要什么。就像在大海中航行，如果你不知道目的地是哪里，就只能遭受漂泊迷失之苦了。所以，在你决定自己想要什么、需要什么之前，不要轻易下结论，一定要先做一番心灵探索，真正地了解自己，把握自己的目标。只有这样，你才能在生活中满意地前进。

3. 制订目标要尽可能地伸展自己

有限的目标造就有限的人生，每个人对自己的未来都有一个定位，这个定位的高度直接决定着我们人生的高度。因此，当我们在为自己设定目标的时候，要尽量地伸展自己。

那么，我们要如何勾勒自己未来的蓝图呢？首先要为自己设立一个美好的远大的梦想，然后全心全意去做。当然，如果你只是随口说说，不会对你有什么帮助。因此，你应当坐下来，用笔写下自己的梦想以及对未来的规划，然后制订切实可行的目标。在这里，我们要注意一点，就是不要为自己的梦想设限，但这并不意味着你可以脱离现实。只有在精彩目标的指引下，我们才能够充分激发出自身的潜能，拥有高效能的工作和生活。

注重准备工作

准备是一切工作的前提。只有充分准备才能保证工作得以完成，而且做起来更容易。拿破仑·希尔说过，一个善于做准备的人，是距离成功最近的人。

一个缺乏准备的员工一定是一个差错不断的人，纵然有超强的能力、千载难逢的机会，也不能保证获得成功，这样的人自然无法成为一名高效能的人士。

第二次世界大战期间，具有决定意义的诺曼底登陆是非常成功的。为什么那么成功呢？原来美英联军在登陆之前做了充分的准备。他们演练了很多次，他们不断演练登陆的方向、地点、时间以及一切登陆需要做的事情。最后真正登陆的时候，已经胜算在握，登陆的时间与计划的时间只相差几秒钟。这就是准备的力量。

机会对每个人来说都是公平的，但它更垂青于有准备的人。因为机会是有限的，给一个没有准备的人是在浪费资源，而给一个准备工作做得非常好的人则是在合理利用资源和增加资源。

重量级拳王吉尼·吐尼一生获得过无数的荣誉，也面对过无数个强敌。有一回他要和杰克·丹塞对决，杰克·丹塞是个强劲的对手。他知道如果被丹塞击中，一定会伤得很重，一个受重伤的拳击手短时间内是很难反败为胜的。于是，他开始做准备工作，他要加紧训练，他最重要的训练项目就是后退跑步。

一场著名的拳赛过后，吐尼的策略被证明是对的。第一回合吐尼被击倒之后，马上爬起来，尽量后退以避开对手，直拖到第一回合终了。等到第二回合，在神智和体力都充分恢复之后，他奋力把丹塞击倒在地，获得了最后的胜利。

吐尼的胜利归功于他在事前做了最坏的打算。在生活中，我们每天都在面对各式各样的困难，既然我们不能预知际遇，就只好调整自己的心态，随时准备好去应对最坏的状况。

1. 机会来自充分的准备

良好的机会都要主动地去创造，如果你天真地相信好机会在别的地方等着你，或者会自动找上门来，那么你是极其愚昧的，也注定会走向失败。

提到可口可乐，你自然就会想到它那设计独特的瓶子，看着优美，拿着舒服，但你一定不知道这种瓶子是谁发明的吧！

这种瓶子是几十年前一位叫鲁特的美国年轻人设计发明的。鲁特当时只是一名普通的工厂制瓶工人，他常常和自己心爱的女友约会。

一次他与女友约会时，发现她穿着条线裙子十分优美，因为裙子膝盖以上部分较窄，腰部就显得更有吸引力了，他看呆了。他想，如果能把玻璃瓶设计成女友裙子那样，一定会大受欢迎。

鲁特并不只是想想罢了，他开始动手设计制作这样的瓶子。于是，他经过反复试验和改进，终于制成了一种造型独特的瓶子：握在瓶颈上时，没有滑落的感觉；瓶子里面装满液体，看起来也比实际的分量多，而且外观别致优美。

他相信这样的瓶子会很有市场，于是为此申请了设计专利。果然，当时可口可乐公司恰好看中他设计出来的瓶子，以600万美金买下了瓶子的专利。鲁特也因此从一个穷工人摇身一变成了一位百万富翁。

鲁特并不是设计专家，他只是一位干着劳累工作的工人，要想成功，他必须做好抓住机会的准备。或许他可以只是随便想想女友的美妙身材，而不用真的去投入设计和制作那种瓶子，如果那样的话，他就没有机会被可口可乐公司看中。然而鲁特没有，他细心观察之后又马上行动，发明了这样一种瓶子，正是他有了这样一种申请到专利的瓶子，才有机会被可口可乐公司看中。简单一句话，成功总是眷顾像鲁特一样有准备的人。

2. 准备赢得高效

现实生活中，那些做事高效的人往往是那些准备工作做得十分充分的人。

阿尔伯特·哈伯德有一个富足的家庭，但他还是想创立自己的事业，因此他很早就开始了有意识的准备。他明白像他这样的年轻人，最缺乏的是知识和必备的经验。因而，他有选择地学习一些相关的专业知识，充分利用时间，他甚至在外出工作时，也总会带上一本书，在等候电车时一边看一边背诵。他一直保持着这个习惯，这使他受益匪浅。后来，他有机会进入哈佛大学，开始了一些系统理论课程的学习。

阿尔伯特·哈伯德对欧洲市场做了一番详细的考察，随后，他开始积极筹备自己的出版社。他请教了专门的咨询公司，调查了出版市场，尤其是从从事出版行业的普兰特先生那里得到了许多积极的建议。这样，一家新的出版社——罗依科罗斯特出版社诞生了。

由于事先的准备工作做得充分，出版社经营得十分出色。他不断将自己的体验和见闻整理成书出版，名誉与金钱相继滚滚而来。

阿尔伯特并没有就此满足，他敏锐地观察到，他所在的纽约州东奥罗拉，当时已经渐渐成为人们度假旅游的最佳选择之一，但这里的旅馆业却非常不发达。这是一个很好的商机，阿尔伯特没有放弃这个机会。他抽出时间亲自在市中心周围做了两个月的调查，了解市场的行情，考察周围的环境和交通。他甚至亲自入住一家当地经营得非常出色的旅馆，去研究其经营的独到之处。后来，他成功地从别人手中接手了一家旅馆，并对其进行了彻底的改造和装潢。

在旅馆装修时，他根据自己的调查，接触了许多游客。他了解到游客们的喜好、收入水平、消费观念，更注意到这些游客正是由于对繁忙工作感到厌倦，才在假期来这里放松的，他们需要更简单的生活。因此，他让工人制作了一种简单的直线型家具。这个创意一经推出，很快受到人们的关注，游客们非常喜欢这种家具。他再一次抓住了这个机遇，一个家具制造厂诞生了。家具公司蒸蒸日上，也证明了他准备工作的成效。同时他的出版社还出版了《菲利士人》和《兄弟》两份月刊，其影响力在《致加西亚的信》一书出版后达到顶峰。

我们可以看到，阿尔伯特的成功是建立在充分的准备基础上的，所以他才能够在面临机遇时果断出击。正是准备意识成就了他事业的辉煌。

阿尔伯特深深地体会到，准备是执行力的前提，是工作效率的基础。因此，他不但自己在做任何决策前都认真准备，还把这种好习惯灌输给他的员工。值得庆幸的是，不久之后，"你准备好了吗？"已经成为他们公司全体员工的口头禅，成功地形成了"准备第一"的企业文化。在这样的文化氛围中，公司的执行力得到了极大的提升，工作效率的提高自然显而易见。

同样，如果我们要提高自己的工作效率，成为一名职场中的高效能人士，也应当像阿尔伯特·哈伯德一样，在行动之前做好充分的准备工作。

制订切实可行的计划

在明确工作目的和任务后，能不能实现就在于能否进行合理的组织工作。法国作家雨果说过："有些人每天早上预订好一天的工作，然后照此实行。他们是有效地利用时间的人。而那些平时毫无计划，遇事靠现打主意过日子的人，只有'混乱'二字。"

计划并不是对个人的一种束缚与管制，必须做什么或不应该做什么并不是由计划决定的。制订计划的过程，其实就是一个自我完善的过程，所以，对于计划一定要坚持，并坚信它会实现。

沃森在回顾自己的职业生涯时说："我的助手有一个非常好的习惯，这也是我一直没有替换他的主要原因。他有一本形影不离的工作日记，每天早晨，他都会把前一天写好的工作计划再翻看一遍，而在一天的工作结束后，他要对这一天的工作进行总结，同时把下一天的计划再做出来。"这是一个多么好的习惯。同时，也是每一位高效能人士必须养成的习惯。

1. 明确工作目的

史蒂芬·柯维在《有效的经理》一书中写道："我赞美彻底和有条理的工作方式。一旦在某些事情上投下了心血，就可以减少重复，开启了更大和更佳工作任务之门。"

培根也说过："选择时间就等于节省时间，而不合乎时宜的举动则等于乱打空气。"没有一个明确可行的工作计划，必然浪费时间，要高效能地工作就更不可能了。试想，如果一个搞文字工作的人将资料乱放，就是找个材料都会花个半天时间，那么他的工作是没有效率可言的。

工作的有序性，体现在对时间的支配上，首要是有明确的目的。很多成功人士就指出：如果能把自己的工作任务清楚地写下来，便很好地进行了自我管理，就会使得工作条理化，因而使得个人的能力得到很大的提高。

只有明确自己的工作是什么，才能认识自己工作的全貌，从全局着眼观察整个工作，防止每天陷于杂乱的事务之中。明确的办事目的将使你正确地掂量各个工作之间的不同侧重，弄清工作的主要目标在哪里，防止不分轻重缓急，耗费时间又办不好事情。

只有明确自己的责任与权限范围，才能摆脱工作中的互相扯皮和打乱仗现象。

171

填写工作清单是一种明确工作目标的好方法。首先，你可以找出一张纸，毫不遗漏地写出你所需要的工作。凡是自己必须干的工作，不管它的重要性和顺序怎样，一项也不漏地逐项排列起来，然后按这些工作的重要程度重新列表。重新列表时，你要试问自己：如果我只能干此表当中的一项工作，首先应该干哪一件事呢？然后再问自己：接着该干什么呢？用这种方式一直问到最后一项。这样自然就按照重要性的顺序列出自己的工作一览表。其后，对你要做的每一项工作写上该怎么做，并根据以往的经验，在每项工作上总结出你认为最合理有效的方法。

在制订工作计划的过程中，我们不仅要明确自己的工作是什么，还要明确每年、每季度、每月、每周、每日的工作及工作进程，并通过有条理地连续工作，来保证以正常速度执行任务。在这里，为日常工作和下一步要进行的项目编出目录，不但是一种不可估量的时间节约措施，也是提醒我们记住某些事情的手段。可见，制订一个合理的工作日程是多么重要。

工作日程与计划不同，计划在于对工作的长期计算，而工作日程在于怎样处理现在的问题。比如今天还有明天的工作，就是逐日推进的计划。有许多人抱怨工作太多又杂乱，实际是由于他们不善于制订日程表，无法安排好日常工作，有时候反而抓住没有意义的事情不放，不得不被工作压得喘不过气来。

2. 约束自己，达到目标

执行计划是对意志品质与毅力的一次考验与挑战，许多人的计划，并没有得到坚决的贯彻与执行，多是由于他们缺乏勇气与毅力，或是对自己过于放任自流。从表面上看，这并不会对你造成多大的损失，但是在不断的工作中，那些忠于计划，不断改进的人的进步会越来越明显，他们才称得上是高效能人士，他们的行为也必将引起企业管理者的关注。而那些无视计划的人，整日仍然处于无序的工作状态之中，当然，工作效率也是无从提高的。

计划贵在执行。在你制订计划的时候，也许并不受关注，可能还会引来一些人的嘲笑，认为这是幼稚的办法。能够给你鼓励与帮助的人并不多，因此，约束自己，锲而不舍地、矢志不渝地将计划执行到底就成了高效能人士的一项重要品质。如果你对自己制订的计划有足够的信心与勇气，那么坚持下去，绝不放弃，无论遇到多么大的困难。

大家可能听过这样一个故事：

有这样一个人，他追求完全自由自在的生活，他讨厌生活对他的任何束缚。

他讨厌理发师对他的摆弄，因而他拒绝理发，一任头发胡须自由地疯长。

他讨厌洗澡时受水的冲刷和毛巾的搓擦，因而他拒绝洗澡，一任污垢满身，虱子乱爬。

他讨厌鞋子、袜子对他的约束，因而他拒绝穿袜，把鞋子也脱掉扔了。

他讨厌身上衣服对他的束缚，因而他把上衣脱下扔了，打着赤膊。

现在，他只剩下腰上皮带和下身裤子的束缚了。

他对皮带说："你给我滚开吧！你干吗总是这么紧紧约束着我？"

"可是，假如你失去我这唯一的约束，你就可能完全失去你的人格。"皮带说。

"胡说！你给我滚开吧！"他找来一把剪刀，剪断了皮带。

可想而知，皮带断了，裤子当然滑落了。他喜不自胜——为解除了全身所有的约束而高兴异常。当然，没有多久，人们就把他当作一个精神病人关进了病房。所有的约束他都无法抗拒了——他被彻底地约束了。

目标是前途，也是约束。为了实现自己的计划和目标，也许你必须干一些自己不想干的事，放弃一些自己深深迷恋的事，这样，你可能会觉得有一定的"约束"。但是，为了生活，为了计划的实现，为了成功，我们不能试图摆脱一切"约束"，而是应该在"约束"的引导下，一步步沿着既定的目标，稳妥地前进。

3. 想到就做

著名的畅销书作家奥狄·曼格诺说过："一张地图，无论多精细，都不可能使你在地面上移动一步。我们的计划再科学，都需要我们坚定地去执行才可奏效。"事实上，那些高效能人士之所以成功，有一个突出的特点：那就是想到就做，一有好的创意，立刻就付诸实施。

是不是拥有切实可行的计划，是判断一个人工作是否高效的关键因素。许多成功人士的成功经验告诉我们，认真地做一份计划不但不会约束我们，还可以让我们的工作做得更好。当然，同许多其他重要的事情一样，执行计划并不是一件简单容易的事。如果你约束自我，实现了制订的计划，你就成了一个卓有成效的高效能人士。

重在执行

执行力是衡量做事是否高效的重要标准。一个团队、一名队员或员工，如果没有强大的执行力，就算有再多的想法也不可能取得好的成绩。

巴德森是美国橄榄球运动史上一位伟大的橄榄球队教练。在他的带领下，美国绿湾橄榄球队成了美国橄榄球史上最令人惊异的球队，创造出了令人难以置信的成绩。看看巴德森的言论，能从另一个方面让我们对执行力有更深刻的理解。

巴德森告诉他的队员："我只要求一件事，就是胜利。如果不把目标定在非胜不可，那比赛就没有意义了。不管是打球、工作、思想，一切的一切，都应该'非胜不可'。""你要跟我工作，"他坚定地说，"你只可以想三件事——你自己、你的家庭和球队，按照这个先后次序。""比赛就是不顾一切。你要不顾一切拼命地向前冲。你不必理会任何事、任何人，接近得分线的时候，你更要不顾一切。没有东西可以阻挡你，无论是战车或一堵墙，无论对方有多少人，都不能阻挡你，你要冲过得分线！"

正是有了这种坚强的意志和顽强的信心，绿湾橄榄球队的队员们拥有了强大的执行力。在比赛中，他们的脑海里除了胜利还是胜利。对他们而言，胜利就是目标，为了目标，他们奋勇向前，锲而不舍，没有抱怨，没有畏惧，没有退缩。正是这种近乎完美的执行精神，使他们成为所有渴望在工作中想要有所成就的人的榜样。要想得到高效的执行力，需要培养 4 个习惯。

1. 用心去做

要取得好的执行效果，关键是要用心去做。以发生在商场的一个小场景为例。

一位消费者，在大卖场的货架之间徘徊，想找一罐高蛋白含量的奶粉，看到一位服务人员在另一边整理货架，便问道："请问，我想找一罐高蛋白质含量的奶粉，可以在哪里找到？"

服务人员的反应可能有下列几种：

第一种，理都不理消费者，继续整理眼前的货架；

第二种，瞄消费者一眼，冷冷丢出一句"不知道"；

第三种，客气地回答消费者"请你走到第三个货架，左转到横排第五个矮柜，算过去第八个篮子，你就可以看到奶粉专柜"；

第四种，服务人员立即停下手上的工作，聆听他描述的产品，随即带他到奶粉货架，拿下一罐销量较好的高蛋白质奶粉递给他，同时说："我想您挑选蛋白质含量高的奶粉，应该是想让您的宝宝长得更结实，我再推荐另外一种高钙的产品给您试试，可以让您的宝宝更健康。"

对工作专注用心是做好任何事情的前提条件，我们在执行工作任务时，要先把心思集中到如何快速、高效完成任务上来。

2. 提高速度

执行力高低的一个衡量尺度是能否快速行动，因为速度现在已经成为决定成败的关键因素。当然快与慢是辩证的，因为快速执行并不是要求你为了完成目标而不计后果，并不是允许任何人为了抢速度而降低工作的质量标准。迅捷源自能力，简洁来自渊博。

一个人的快速执行，建立在其强大的思维能力基础之上。一名执行力强的人能够不断探寻业务模式和事物的因果关系，能够不断尝试从新的角度（同事角度、客户角度、竞争对手角度、公司角度、创造性角度）看问题。

3. 注重团队协作

我们的工作并不是孤立的。要出色完成上司交代的工作，必然要依靠团队协作。一个高效的执行者是不会单枪匹马地闯荡的，他会协同团队共同完成任务。

在执行的过程中，团队精神主要包含 4 个方面。

同心同德：组织中的员工相互欣赏，相互信任，而不是相互瞧不起，相互拆台。员工应该发现和认同别人的优点，而不是突显自己的重要性。

互帮互助：不仅在别人寻求帮助时提供力所能及的帮助，还要主动地帮助同事。反过来，我们也能够坦诚地乐于接受别人的帮助。

奉献精神：组织成员愿为组织或同事付出额外努力。

团队自豪感：团队自豪感是每位成员的一种成就感，这种感觉集合在一起，就凝聚成为战无不胜的力量。

4. 不要等万事俱备再动手

一个高效的执行者不会等待万事俱备再动手。有一位心理学家多年来一直在探究成功人士的精神世界，他发现了两种本质的力量：一种是在严格而缜密的逻辑思维引导下艰苦工作，另一种是在突发、热烈的灵感激励下立即行动。

当可能改变命运的灵感在世俗生活中喷发时，绝大多数人习惯于将它平息，而后又回到原来的生活常轨：什么时候该做什么照常做什么。他们并没有意识到，内在的冲动是人类潜意识通向客观世界的直达快车。威廉·詹姆斯说："灵感的每一次闪烁和启示，都让它像气体一样溜掉而毫无踪迹，这比丧失机遇还要糟糕，因为它在无形中阻断了激情喷发的正常渠道。如此一来，人类将无法聚起一股坚定而快速应变的力量以对付周围的突变。"

美国钢铁大王安德鲁·卡耐基以果断的执行力而闻名。有一次，一位年轻的支持者向他提出了一项大胆的建设性方案。在场的人全被吸引住了，它显然值得考虑。不过他们可以从容考虑，然后讨论，最后再决定如何去做。但是，当其他人正在琢磨这个方案时，卡耐基突然把手伸向电话并立即开始向华尔街拍电报，以电文热烈地陈述了这个方案。当然，拍这么长的电报花费不菲，但它转达了卡耐基的信念。

出乎意料的是，1000万美元的投资立项就因为这个电文而拍板签约。假如他们拖延行动，这项方案极可能就会在他们小心翼翼的漫谈中自动流产——至少会失去它最初的光泽。然而卡耐基立刻付诸行动了。

很多人羡慕卡耐基办事如此简明，然而事实是，他之所以办事简明，就是因为他在长期训练中养成了"立即执行"的习惯。

世间永远没有绝对完美的事，"万事俱备"只不过是"永远不可能做到"的代名词。一旦延迟、愚蠢地去满足"万事俱备"这一先行条件，不但辛苦加倍，还会使灵感失去应有的乐趣。以周密的思考来掩饰自己的不行动，甚至比一时冲动还要错误。

一个高效能人士是不会等到万事俱备的时候再动手的。很多时候，你若立即进入工作的主题，你会惊讶地发现，如果拿浪费在"万事俱备"上的时间和精力处理手中的工作，往往绰绰有余。而且，许多事情你若立即动手去做，就会感到快乐、有趣，加大成功概率。

马上去做（Just Do It）是一名高效能人士应当秉持的做事理念。任何规划都不能保证成功，因为任何规划都有缺陷，规划的东西是纸上的，与实际总是有距离的。规划可以在执行中修改，但关键还是要马上执行！根据你的目标马上行动，没有行动，再好的计划也是白日梦。

学会自我管理

阿尔伯特·哈伯特说过："每个人一天起码有5分钟不够聪明，智慧似乎也无能为力。"一般人常因他人的批评而愤怒，有智慧的人却想办法从中学习。诗人惠特曼曾说："你以为只能向喜欢你、仰慕你、赞同你的人学习吗？从反对你的人、批评你的人那儿，不是可以得到更多的教训吗？"

与其等待敌人来攻击我们或我们的工作，倒不如自己动手。我们自己可以是最严苛的批评家。在别人抓到我们的弱点之前，我们应该自己认清并处理这些弱点。达尔文就是这样做的。当达尔文完成其不朽的著作——《物种起源》时，他已意识到这一革命性的学说一定会震撼整个宗教界及学术界。因此，他主动开始自我评论，并耗时15年，不断查证资料，向自己的理论挑战，批评自己所下的结论。

根据你的人生目标，可以把所要做的事情制订一个顺序，有助于你实现目标的，就把它放在前面，依次为之，把所有的事情都排一个顺序，并把它记在一张纸上。

　　众所周知，人的时间和精力是有限的，不制订一个顺序表，你会被突然涌来的大量事务弄得手足无措。

　　我在教授别人期间，有一位公司的经理来拜访，他对我的干净整洁的办公桌感到惊讶，问："卡耐基先生，你没处理的信件放在哪儿呢？"

　　我说："我所有的信件都处理完了。"

　　"那你今天没干的事情又推给谁了呢？"他紧接着问。

　　"我所有的事情都处理完了。"我回答。看到这位公司老板困惑的神态，我解释说："原因很简单，我知道我所需要处理的事情很多，但我的精力有限，一次只能处理一件事情，于是我就按照所要处理的事情的重要性，列一个顺序表，然后就一件一件地处理。"

　　"噢，我明白了，谢谢你，卡耐基先生。"几周以后，这位公司的老板请我参观其宽敞的办公室，说："卡耐基先生，感谢你教给了我处理事务的方法。过去，在我这宽大的办公室里，我要处理的文件、信件等，都堆得和小山一样，一张桌子不够，就用三张桌子。自从用了你说的方法以后，情况好多了。瞧，再也没有没处理完的事情了。"

　　这位公司的老板，就这样找到了处理事情的办法，几年以后，他成了美国社会成功人士中的佼佼者。

　　我们为了个人事业的发展，也一定要根据事情的轻重缓急，制订出一个日程表。我们可以每天早上制订一个处理问题的先后顺序表，然后再加上一个进度表，就会更有利于我们向自己的目标前进了。

　　有效的管理要先后有序。在领导决定哪些是"首要之事"以后，时刻把它们放在首位管理。管理是纪律，是贯彻。换句话说，如果你是一个有效率的自身管理者，你的纪律来自你自身内部，它是你独立意志的一种体现，而你是你自己深刻的价值观及其源泉的门徒和追随者。而且你有将你的感情、你的冲动、你的心境从属于那些价值的意志和忠贞。

E.M.格雷曾写过小品文《成功的公分母》。他一生探索所有成功者共享的分母。他发现这个分母不是勤奋地工作、好运气或精明的人际关系，虽然这些都是非常重要的——一个似乎超过所有其他因素的因素是把首要的事放在首位。

做最符合你天性的工作

你出众的聪明才智就是你的天赋，而真正适合你的职业应当能够表现你的个性与天赋。如果你找到了适合自己的位置，工作本身就会充分而全面地调动你的才能。可能的话，尽量选择那种可以最大限度地利用现有经验，并与自己的个性爱好相吻合的行业。

这样，你不仅会拥有一份得心应手的工作，还可以充分运用已有的知识和技能，而这才是最有效地利用你自己的资本。如果我们遵从马修·阿诺德的说法，那么，宁可做鞋匠中的拿破仑，宁可做清洁工中的亚历山大，也不要做根本不懂法律的平庸律师。

选择符合自己天性的工作非常重要。兴趣是工作的最好动力。

对露丝来说，最让她寒心的是她原本选的专业极其冷门，因而在毕业时不得不到一家小公司做了一名文秘。这使得她对工作极其缺乏热忱，每天犹如和尚撞钟般得过且过。露丝对此也十分迷茫，总觉得自己像是搭错了车，却又不知该在哪一站下。

痛苦的经历持续了相当一段时间，直到有一天，露丝才从朋友的经历中发现了自我。露丝的朋友原本是学电子的，但她却一直对服装特别感兴趣，因而在毕业后不久就从原先的单位辞了职，独自开了家小小的服装工作室。虽然她没学过服装设计，但她也做得非常好，更关键的是，她非常开心。

露丝这才重新考虑自己真正喜欢什么样的工作。她发觉自己的口才一直不错，而且对外语有一种天生的热情，自己最初的期望就是做个商务代表或谈判代表，只是因为自己觉得所学的专业不对口，因而一直不敢问津。

明确了自己的方向后，露丝开始努力，她参加了一个经济管理的培训班。当然，这只是第一步。不久，她在老板面前展示了自己的外语天才，深受老板赏识。

后来，她终于如愿做了公司的项目谈判代表。

其实，在职场上搭错车的很重要的原因就在于不了解自我，不知道自己真正喜欢的是什么。也有的人是因为自己的思维定式，以为自己不是专业出身就不会有前途，不敢轻易尝试自己真正感兴趣但是没有学过的工作。而实际上许多很成功的人现在干的都不是他的原专业。

高等教育在传授给你专业知识的同时，更重要的是传授给你思考问题的方法。因此，不要以为你不是专业出身就一定干不过别人。要知道，兴趣是工作的催化剂，它能使你的才能迸发出难以想象的活力。而一个你不喜欢的工作，却可能扼杀你的生活情趣。

除了兴趣，你还得考虑另一个因素：做你擅长的工作。

路莎最初学的是财会专业，在26岁那年考上了注册会计师，成为她那事务所里当时最年轻的会计师。日子过得很顺利，路莎也很喜欢自己的工作。后来，她的一个朋友推荐她去一家商贸公司做人事经理，禁不住高薪的诱惑，路莎也想给自己换个全新的环境，就去了。

但是在做经理人的那段日子里，路莎却觉得十分苦闷，原因倒不在于业务的繁重，而在于内务管理工作。对路莎而言，与同事在一起，她始终无法将自己放到管理者的位置。或许，这便是路莎的弱点，不善于管理人、支配人，尤其是对待熟悉的人。

不要贸然去干自己不擅长的工作，勉强的结果只能是自己痛苦。为什么有人会哀叹工作的不幸和人生的无聊呢？主要是因为他们正从事着与自己的志趣、个性相冲突的职业。

如果你所选择的职业不适合你，那就不可能有奇迹出现，不但不会有成功，它甚至会剥夺你人生的乐趣。但是，如今的很多青年没有考虑到这一层，他们往往喜欢做其他人看来很体面的工作，至于工作本身的特点倒不在他们的考虑之内。

不知有多少人因为只考虑到工作的体面而断送了一生的幸福。他们以为体面的工作肯定是成功的捷径，而不管自己的性格、才学是否与之相称，他们完全不懂得成功的真正意味。

任何职业只要与你的志趣相投，你就绝不会陷于失败的境地。但是，在工作的过程中，有人常常容易受到外界的诱惑，受制于自己的欲望，便把全副精力放在不好的勾当上去了。像这样的人，怎能期望成功会降临到他的头上呢？因此，当你对工作不满意时，不妨看看自己的性格是否适合这份工作，然后根据自己的性格挑份合适的工作。

善于休息

休息可以使一个人的大脑恢复活力，提高一个人的工作效能。斯蒂芬曾感慨地说："曾经有一段时间，我也认为休息太过于浪费时间，但是后来我发现不注意休息的直接后果是工作效率低下。"身处激烈的竞争之中，每一个人如上紧发条的钟表。因此，一名高效能人士应当注意工作中的调节与休息，不但于自己健康有益，对事业也是大有好处的。

1. 学会搁置问题

高效能人士不会固执于解决不了的问题。学会搁置问题，把问题先放一放，不失为一个放松休息的好方法。相反，太固执于一时无法解决的难题，容易产生垂直思考的弊端。

这里，有一个水平思考解决问题的小故事。

有一位债主向债务人讨价，逼迫他说："不还钱没关系，拿你的女儿来抵债！"说着，便从地上黑白交杂的石堆里捡起两颗石子来，狡猾地笑着说："来吧！我两手中有一边是黑石头，一边是白石头，你选一个。如果选中白石头的话，欠的钱无限期延期；如果选中黑石头的话，嘿嘿，就拿你的女儿来抵债！"

其实，债务人已清楚地看到债主拾起的两颗都是黑色的石子。不论选择哪一边，女儿都得给人家，但又没有拒绝选择的余地……终于，债务人勉强地伸出手来指着其中的一个拳头，做了抉择。但在要接过石子的时候，他抖着手故意不小心把石子掉到地上去。地上满是黑白石子，谁也找不出到底哪一个才是掉下去的石头，这时，债务人一副抱歉万分的神情："对不起，我把石头弄掉了。你手中的石头是什么颜色的呢？"

结果聪明的读者当然会猜出来。因为留在债主手中的是黑石子，所以债务人选的就是白石子，化险为夷了。像这种情形，如果一味绕着"选或不选"的问题伤脑筋，是无法找出解决对策的，必须重新思考，才能从另一个角度发现解决的方法。

而解决工作上的问题也是同样的道理，在垂直思考之外，也要加进水平的思考才能找出解决办法来。所以，为了避免陷于垂直思考的僵局，在碰钉子的时候，不妨暂且搁置问题，让头脑静下来。或许办法就在你将问题放置在一旁的时候悄然来临。

我们来把前面所提的事项做个整理：

（1）遇上一时无法解决的难题时，不妨把它记录下来，暂且搁置一旁；

（2）把问题"存档"于潜在意识中，可以从别的事物上意外地得到解决的线索；

（3）切不可为问题"牵肠挂肚"，这样不仅妨碍你的休息，对问题的解决也是十分不利的。

"记录问题"不仅可以留待日后找出好的方法，还有一项效用：当你把问题详细记录下来之后，由于不必担心忘记它，便能很放心地把它暂时从记忆中完全撤离，在脑子清理出一大片的"净土"，如此才得以安心地全力去做另一项工作。否则，虽然是搁置问题，但因为无法暂时遗忘而心有旁骛，做起其他的事来势必效率不彰、事倍功半。

2. 积极的休息

一名高效能人士应当学会积极的休息，因为这是维持高工作效能的重要条件。心理学家们认为，疲倦的感觉是生理自然反映出来的警告。提醒我们身体某部位超过负荷。如果置之不理，将更增加身体的负担。所以，一旦出现了警告信息，让负担过重的部位恢复正常，才是明智之举。

约翰·洛克菲勒创造了两项惊人的纪录：他赚到了当时全世界为数最多的财富，也活到98岁。他如何做到这两点的呢？最主要的原因当然是他家里的人都很长寿，另外一个原因，是他每天中午在办公室里睡半个小时午觉。他会躺在办公室的大沙发上——而在睡午觉的时候，哪怕是美国总统打来的电话，他都不接。

这告诉我们在工作中要积极主动地休息。如果你是一名打字员，你就不能像爱迪生或是山姆·戈尔德温那样，每天在办公室里睡午觉；而如果你是一名会计员，你也不可能躺在长沙发上跟你的老板讨论账目的问题。可是如果你住在一个小城市里，每天中午回家吃中饭的话，饭后你就可以睡 10 分钟的午觉。这是马歇尔将军常做的事。在第二次世界大战期间，他觉得指挥美军部队非常忙碌，所以中午必须休息。

如果你没有办法在中午睡个午觉，至少要在吃晚饭之前躺下休息 1 个小时，这比其他的休息方法有效多了。如果你能在下午睡 1 个小时，你就可以在你生活中每天增加 1 小时的清醒时间。为什么呢？因为晚饭前睡的那 1 个小时，加上夜里所睡的 6 个小时——一共是 7 小时——对你的好处比连续睡 8 个小时更多。

从事体力劳动的人，如果休息时间多的话，每天就可以做更多的工作。现代科学管理之父泰勒在一家钢铁公司担任科学管理工程师的时候，就曾以事实证明了这件事情。

泰勒曾观察过，工人每人每天可以往货车上装大约 12.5 吨的生铁，而通常他们到了中午就已经筋疲力尽了。他对所有产生疲劳的因素做了一次科学性的研究，认为每个工人不应该每天只送 12.5 吨的生铁，而应该每天装运 47 吨。照他的计算，他们应该可以做到目前成绩的 4 倍，而且不会疲劳，只是必须要加以证明。

泰勒选了一位叫施密斯的先生，让他按照马表的规定时间来工作。有一个人站在一边拿着一只马表来指挥施密斯："现在拿起一块生铁，走……现在坐下来休息……现在走……现在休息。"事实证明这种积极休息的方法对于提高工作绩效，缓解工作疲劳有十分积极的作用。

所谓"积极的休息"是因为这种休息有别于单纯的歇息，是为了保持工作效率而做的休息。既被称为"积极的"，这种休息必须在短时间内达到最大的效果。事实上，在办公时间内也不可能做长时间的休息。有专家将每次的休息时间定在3分钟左右。

把休息时间定为3分钟，虽然没有什么学理上的依据，但确实有某些程度的根据。3分钟正好是很多事情最小的段落。电话一通、拳赛一回合，都是以3分钟为一单位。因此，只要3分钟，就足够使疲惫的身体恢复原本的活力。如果超过3分钟，可能会因为中断太久，无法立即继续先前的工作。这一来，休息反而降低了工作效率。

3. 养成放松的习惯

一个高效能人士，面对堆积如山的工作和归家之后繁忙的家庭生活，一定要懂得如何放松自己。所谓放松，就是消除所有的紧张和力气，只想到舒适和放松。要感觉到你的体力，由你的脸部肌肉，一直到你身体的中心，完全没有紧张的感觉。

下面是放松的几点建议：

（1）看一本有关如何放松方面的好书；

（2）随时放松你自己，使你的身体柔软舒适；

（3）工作时采取舒服的状态；

（4）每天问自己"我有没有使用一些和工作毫无关系的肌肉"；

（5）每天晚上再检讨一下，问问你自己，"我有多疲倦？如果我感觉疲倦，这不是我过分劳心的缘故，而是因为我做事的方法不对"。

下面是一些可以在你自己家里做的运动。你可以尝试着做一下。

（1）只要你觉得疲倦了，就平躺在地板上，尽量把你的身体伸直，如果你想要转身的话就转身，每天做两次。闭起你的两只眼睛，像心理专家所建议的那样说："太阳在头上照着，天蓝得发亮，大自然非常沉静，控制着整个世界——而我，是大自然的孩子，也能和整个宇宙调和一致。"

（2）如果你不能躺下来，你可以坐在一张椅子上，得到的效果也完全相同。在一张很硬的直背椅子上，像一个古埃及的坐像那样，把你的两只手掌向下平放在大腿上。

（3）现在，慢慢地把你的十只脚指头蜷曲起来——然后让它们放松；收紧你的腿部肌肉——然后让它们放松；慢慢地朝上，运动各部分肌肉，最后一直到你的颈部。然后让你自己的头向四周转动着，好像你的头是一个足球。要不断地对你的肌肉说："放松……放松……"

（4）想想你脸上的皱纹，尽量使它们被抹平，松开你皱紧的眉头，不要闭紧嘴巴。如此每天做两次，也许你就不必再到美容院去按摩了。

（5）用很慢很稳定的深呼吸来平定你的神经，要从丹田吸气。印度的瑜伽术做得不错，有规律的呼吸是安抚神经的最好方法。

第十三章

追求完美，每件事都要做到精彩绝伦

永葆追求卓越的心

在人生历程中，每个人都迫切希望自己能成为众人中的焦点，成为聚光灯下的中心。事实上，这并不是什么困难的事，只要你拥有一颗追求卓越的心。

推销员戴尔做了一年半的业务，看到许多比他后进公司的人都晋升了职位，而且薪水也比他高许多，他百思不得其解。想想自己来了这么长时间了，客户也没少联系，薪水也还凑合自己开支，可就是没有大的订单让他在业务上有所起色。

有一天，戴尔像往常一样下班就打开电视若无其事地看起来，突然有一个名为"如何使生命增值"的专家专题采访的栏目引起了他的关注。

心理学专家回答记者说："我们无法控制生命的长度，但我们完全可以把握生命的深度！其实每个人都拥有超出自己想象十倍以上的力量。要使生命增值，唯一的方法就是在职业领域中努力地追求卓越！"

戴尔听完这段话后，信心大增，他立即关掉电视，拿出纸和笔，严格地制订了半年内的工作计划，并落实到每一天的工作中……2个月后，戴尔的业绩明显大增，9个月后，他已为公司赚取了 2500 万美元的利润，年底他自然当上了公司的销售总监。

如今戴尔已拥有了自己的公司。他每次培训员工时，都不忘记说："我相信你们会一天比一天更优秀，因为你们拥有这样的能力！"于是员工信心倍增，公司的利润也飞速递增。

戴尔的事例说明了这样一个道理：追求卓越是每个人的生命要求，追求卓越也是每个人改变自己命运的基本要素。追求卓越，取得成功是每个人的愿望。在人类文明的发展过程中，追求卓越始终是我们持久的动力和永恒的目标。

有什么样的目标，就有什么样的人生；有什么样的追求，就能达到什么样的人生高度。勤勤恳恳地工作，超越平庸，主动进取，才能取得职场上的成功，才会拥有精彩卓越的人生。

炎热的一天，大卫·安德森和他的伙伴们正在铁路的路基上工作，突然遇见了前来视察工作的老朋友——墨菲铁路总裁吉姆·墨菲。他们两个进行了长达 1 小时的愉快交谈，然后热情地握手道别。

大卫·安德森的同事立刻包围了他，他们对于他是墨菲铁路总裁的朋友这一点感到非常震惊。大卫解释说，20 多年前，他和吉姆·墨菲是在同一天开始为这条铁路工作的。

其中一人半认真半开玩笑地问大卫："为什么你现在仍在骄阳下工作，而吉姆·墨菲却成了总裁？"大卫非常惆怅地说："23 年前，我只是为 1 小时 1.75 美元的薪水而工作，而吉姆·墨菲却是为这条铁路工作的。"

透过这个故事，我们就可以明白：为什么有的人工作了一辈子却还是一名普普通通、薪水微薄的员工。

美国"钢铁大王"安德鲁·卡耐基在33岁那年就建立了美国最大的钢铁公司。在这一年，他在备忘录里写下了这样的话：人生必须有目标，而赚钱是最坏的目标。只有当你把"做好事业，追求卓越"作为自己一生追求的目标时，你才会获得比金钱更多、更重要的东西。

追求卓越、拒绝平庸是每个人必备的品质之一。不要满足于一般的工作表现，要做就做到最好，要成为老板不可缺少的人物。拿破仑曾鼓励士兵："不想当将军的士兵不是好士兵。"

为什么我们在可以选择更好生活的时候，却总是选择了平庸呢？为什么我们可在职场中纵横驰骋的时候，却总是原地踏步，徘徊不前呢？因为追求卓越的理念还没有深入我们的内心，只有将追求的理念时刻放在心头，你才能披荆斩棘，走向成功的殿堂。

每天进步一点点

伟大的成就通常是一些平凡的人经过自己的不断努力而取得的，他们注重细节，懂得每天进步一点点，日积月累就前进一大步。

有些年轻人总是责怪命运的盲目性，然而命运本身的盲目性就是以人的活动为主体的。天道酬勤，命运总是掌握在那些勤勤恳恳地工作的、每天注意细节的人手中的，正如优秀的航海家总能驾驭在大风大浪中航行的船只一样。人类历史的研究表明，在成就一番伟业的过程中，一些最普通的品格，如公共意识强、注意力集中、专心致志、持之以恒等，往往起着很大的作用。即使是盖世天才也不能小视这些品质的巨大作用。事实上，正是那些真正伟大的人物才相信常人的智慧与毅力的作用，而不相信什么天才。

　　牛顿无疑是世界一流的科学家。当有人问他到底是通过什么方法得到那些伟大的发现时，他诚实地回答道："总是思考着它们。"还有一次，牛顿这样表述他的研究方法："我总是把研究的课题置于心头，反复思考，慢慢地，起初的点点星光终于一点一点地变成了阳光一片。"正如其他有成就的人一样，牛顿也是靠勤奋、专心致志和持之以恒取得成功的，他的盛名也是这样换来的。放下手头的这一课题而从事另一课题的研究就是他的娱乐和休息。

　　牛顿曾对本特利先生说过："如果说我对公众有什么贡献的话，这要归功于勤奋和善于思考细节。"另一位伟大的哲学家开普勒也这样说过："只有对所学的东西善于思考才能逐步深入。对我所研究的课题我总是穷根究底，想出个所以然来。"

　　英国物理学家及化学家道尔顿不承认他是什么天才，他认为他所取得的一切成就都是靠勤奋。约翰·亨特曾自我评论道："我的心灵就像一个蜂巢一样，看来是一片混乱，到处充满嗡嗡之声，实际上一切都整齐有序。每一份食物都是通过劳动在大自然中精心选择的。"只要翻一翻一些大人物的传记，我们就知道大多数杰出的发明家、艺术家、思想家和著名的工匠，他们的成功在很大程度上都应归功于非同一般的勤奋和持之以恒的毅力。他们都是惜时如命的人。

　　英国作家兼政治家迪斯累里认为要成功就必须精通所学科目，要精通它，只有通过持续不断的刻苦钻研，除此别无良策。

　　由上面的故事可以看出，做了小事，精通了细节，凡人也能变成天才。

　　一位成功人士从13岁就背井离乡，在商店做小店员，日后却成为商店董事长、证券公司创办人、银行董事长。

有一天，有人问他经营事业致富的秘诀。

他回答："所有成功的企业家都不会冒失莽撞，不会操之过急，都是脚踏实地从山脚一步一步坚实而稳定地攀登到山顶的。他们不会梦想一下子就跳到顶峰，而是先从他们力所能及的范围着手，先做小生意，脚踏实地地学习，一步一步充实自己的实力，小生意做成功，然后进一步做更大的生意，这样才不会招致失败。然而很多失败的生意人都犯了一个很大的错误，他们想一步登天，自己的资金只有一百万，却不自量力大举借债来做一千万的生意。结果，负担不起利息，入不敷出，虽然艰苦挣扎，仍然非倒闭不可。就好像没有开花就想结实，一年级刚念完就想跳到六年级，没有练过跳高，一下子就想跳上山顶，那么自然非失败不可。"

一点点进步都是来之不易的，任何伟大的成功都不可能唾手可得。德·迈斯特说过："耐心和毅力就是成功的秘密。"没有播种就没有收获。光播种，而不善于耐心地、满怀希望地耕耘，也不会有好的收获。最甜的果子往往在最后成熟，西方有一句格言："时间和耐心能把桑叶变成云霞般的彩锦。"

一个人有没有出息，不在于你处于什么环境、干什么工作，关键是看你怎样对待环境，怎样对待工作，如何看待小事。你的态度直接决定着你的命运，因为注重小事，每天进步一点点，命运就会掌握在你的手中。

在平凡中追求卓越

追求卓越是一种人生态度，是一种境界。卓越就是不放松对自己的要求，就是在别人苟且随便时，自己仍然一如既往地坚持操守，这是一种高度的责任感和敬业精神。无论人才需求如何变化，是否具有追求卓越的精神始终是老板用人的一个重要标准。

卓越不是完美。因为完美会使你受挫，使你被削弱，而卓越却是一个尽你所能去做到更佳的、不断前进的目标。在追求卓越的过程中，你可以不断地取得更佳，不断地打破个人纪录，提高过去取得的成绩，从而让自己变得坚不可摧。

卓越很昂贵，你必须付全价；卓越很昂贵，但回报丰厚；卓越是真理，真理是不会被否定的。你可以把卓越推倒，掩盖卓越，忽视卓越，但无论你做什么，它总能脱颖而出，上升到顶部，这就是精华法则——最优秀的将上升到金字塔顶部。

洛克菲勒是美国的石油大亨，他的老搭档克拉克这样评价他："他有条不紊、细心认真到极点。如果有一分钱该归我们，他会争取；如果少给客户一分钱，他也要给客户送去。"他就是这样从账面数字——精确到毫、厘——分析出公司的生产经营情况和弊端所在，从而有效地经营着他的石油王国。

成功最怕"卓越"二字。做事细心、严谨、有责任心，是卓越；做人坚持原则，不随波逐流，不为蝇头小利所惑，"言必信，行必果"，也是卓越；生活中重秩序、讲文明、遵纪守法，甚至小到起居有节、衣冠整洁、举止得体，也是卓越的体现。

追求卓越的人对工作有一种非做不可的使命感，并为之孜孜不倦、乐此不疲。

他们在别人都放弃时仍坚持不懈，在所有人都认定事不可为时仍殚精竭虑。

他们不仅仅维持工作或恪尽职守，他们深入内在，寻求更多的东西。

当一般人放弃的时候，他们找寻下一位顾客。当顾客拒绝他的时候，他追问："你到底要不要买？"当顾客不买的时候，他继续追问："你为什么不买？"他们总是在找寻自我改进的方法，以及顾客不买的原因。他们永远在不断地改善自己的行为、举止、态度和人格。他们总是希望知道人们为什么买，为什么不买。他们总是希望更有活力，更有行动力。

阿穆耳饲料厂的厂长麦克道尔之所以能够从一个速记员一步一步往上升，就是因为他在工作中总是追求尽善尽美。

他最初在一个懒惰的经理手下做事，那个经理习惯于把事情推给下面的职员去做。有一次，他吩咐麦克道尔编一本阿穆耳先生前往欧洲时需要的密码电报书。如果是一般人来做这个工作，他只会简单地把电码编在几张纸片上敷衍了事，但麦克道尔可不是这样玩忽职守的人。他利用下班的空余时间，把这些电码编成了一本漂亮的小书，并用打字机打印出来，然后再装订好。完成之后，经理便把电报本交给了阿穆耳先生。

"这大概不是你做的吧？"阿穆耳先生问。

"不是……"那经理战栗着回答。

"是谁做的呢？"

"我的速记员麦克道尔做的。"

"你叫他到我这里来。"

阿穆耳对麦克道尔亲切地说："小伙子，你怎么想到把我的电码做成这个样子呢？"

"我想这样用起来会方便些。"

"你什么时候做的呢？"

"我是晚上在家里做的。"

"是吗？我特别喜欢它。"

这次谈话后没几天，麦克道尔便坐到了前面办公室的一张写字台前；没过多久，他便代替了以前那个位置的经理。

千里之堤，溃于蚁穴，魔鬼往往隐藏于细节之中。失败的最大祸根，就是养成了敷衍了事的习惯。而成功的最好方法，就是把任何事情都做得精益求精，尽善尽美。

给自己制订更高的标准

优秀的人并不一定是有钱的人，而是那些在人格、品行、学识、道德上都胜人一筹的人。不追求卓越，不做到最出色，是不会在工作中享有荣誉的。

兰迪·劳伦斯现在是一家公司的老板，以前他只是一个普通的推销员。他奋起的动因是他在一本书上看到的一句话：每个人都拥有超出自己想象10倍以上的力量。在这句话的激励之下，他反省自己的工作方式和态度，发现自己错过了许多可以和顾客成交的机会。于是，他制订了严格的行动计划，并在每一天的工作当中实践。2个月后，他回过头看看自己的进展，发现业绩已经增加了2倍。数年以后，他已经拥有了自己的公司，在更大的舞台上检验着这句话。

每个人都有一种突出的才能，各有特色，不尽相同。无论你的特色是什么，你都不要把自己藏起来，你应该积极地把你的才能发掘出来，并发挥得淋漓尽致。事实上，面对激烈的竞争，你应该不断地超越平庸、追求完美，你需要制订一个高于他人的标准。

尚可的工作表现人人都可以做到，只有不满足于平庸，才能追求最好，才能成为不可或缺的人物。没有人可以做到完美无缺，但是，当你不断增强自己的力量，不断提升自己的能力的时候，你对自己要求的标准会越来越高，这本身就是一种收获。

没有最好，只有更好。这值得每个人铭记一生。有无数人因为养成了轻视工作、马马虎虎的习惯，以及对工作敷衍了事的态度，终致一生都处于社会底层，不能出类拔萃。

在追求的过程当中，只要不是出类拔萃的表现，都不可能让人获得满足、让人心安理得。

要不断提升自己的标准，希望能够更上一层楼，而且要非常注意细节的部分，愿意不断地鞭策自己摆脱平庸的桎梏。

能让工作变得完美的人，需要极高的品质。高品质不是从天上掉下来的偶然，这是人们抱持高昂的进取心，坚持诚心诚意的努力，投入心血智慧以及技能后所得到的结果。它代表的是众多选择当中的明智抉择，因此，你做出抉择之后，就应倾注全力达到这样的标准。

这时，才能、环境、幸运、遗传以及个性都不那么重要，重要的是你打算凭借自己的所有达到什么样的境界，怎样达到这样的境界。

全力以赴，务必100%尽心

达格·哈马绍说："我们的这个世界并不完美，它需要我们努力来使它完美。我们的工作也并不完美，它需要我们用敬业精神让它接近完善。"

24岁的海军军官卡特，应召去见海曼·李特弗将军。在谈话中，将军非常特别地让他挑选任何他愿意谈的话题。

当他好好发挥完之后，将军就总问他一些问题，结果每每将他问得直冒冷汗。终于他开始明白：自己认为自己懂得很多东西，其实懂得很少。

结束谈话时，将军问他在海军学校学习成绩怎样。他立即自豪地说："将军，在 820 人的一个班中，我名列第 59 名。"

将军皱了眉头，问："你全力以赴了吗？"

"没有。"他坦率地说，"我并不总是全力以赴的。"

"为什么不全力以赴呢？"将军大声质问，瞪了他许久。

此话如当头棒喝，给卡特以终生的影响。此后，他事事全力以赴，最终成为美国总统。

有人问一家餐馆老板成功的秘诀。他说自己的成功得益于在一家欧洲大饭店的厨房工作的经历。在那里，他学到了成功的关键是全力以赴把一切做到 100% 的完美，不管是复杂的主菜，还是简单的副餐。他说："如果你做炸薯条，就把它做成世界上最好的炸薯条。"

伟大人物对使命全力以赴可以谱写历史，普通员工对工作全力以赴则可以改变自己的人生。著名棒球运动员罗迪正是凭借自己的全力以赴，创造了一个又一个奇迹。

罗迪刚转入职业棒球界不久，便遭到有生以来最大的打击——他被约翰斯顿球队开除了。他的动作无力，因此球队的经理有意要他走人。经理对他说："你这样慢吞吞的，根本不适合在球场上打球。罗迪，离开这里之后，无论你到哪里、做任何事，若不提起精神来，你将永远不会有出路。"

罗迪没有其他出路，因此去了宾夕法尼亚州的一个叫切斯特的球队，从此他参加的是大西洋联赛，一个级别很低的球赛。和约翰斯顿队 175 美元的月薪相比，每个月只有 25 美元的薪水更让他无法找到激情。但他想："我必须激情四射，因为我要活命。"

在罗迪来到切斯特球队的第 3 天，他认识了一个叫丹尼的老球员，他劝罗迪不要参加这么低级别的联赛。罗迪很沮丧地说："在我还没有找到更好的工作之前，我什么都愿意做。"

一个星期后，在丹尼的引荐下，罗迪顺利加入了康州的纽黑文球队。这个球队没有人认识他，更没有人责备他。那一刻，他在心底暗暗发誓，我要成为整个球队最努力也最尽心尽力的球员。这一天在他生命里刻下了最深的烙印。

每天，罗迪就像一个不知疲倦和劳顿的铁人一样奔跑在球场上，球技也提高得很快，尤其是投球，不但迅速而且非常有力，有时居然能震落接球队友的护手套。

在一次联赛中，罗迪的球队遭遇实力强劲的对手。那一天的气温达到了38摄氏度，身边像有一团火在炙烤，这样的情况极易使人中暑晕倒，但他并没有因此退却。在快要结束比赛的最后几分钟里，由于对手接球失误，罗迪抓住这个千载难逢的机会迅速攻向对方主垒，从而赢得了决定胜负的至关重要的1分。

发疯似的激情让罗迪如有神助，这至少达到了3种效果。第一，他忘记了恐惧和紧张，掷球速度比赛前预计的还要出色；第二，他"疯狂"般的奔跑感染了其他队友，他们也变得活力四射，首先在气势上压制了对手；第三，在闷热的天气里比赛，罗迪的感觉出奇得好，这在以前是从来没有过的。

从此，罗迪每月的薪水涨到了185美元，和在切斯特球队每月25美元相比，他的薪水在10天的时间里猛增。这让他一度产生不真实的感觉，他简直不知道还有什么能让自己的薪水涨得这么快，当然除了全力以赴、100%尽心。

在工作中应该严格要求自己，能做到最好，就不能允许自己只做到一般，能完成100%，就不能只完成99%，能尽到100%的心，就不要只尽到99%的心。

多做一点令你更出色

盎司是英美制计量单位，1 盎司只相当于 28 克。但是，在工作中就是多加这微不足道的一点，结果可能就大不一样。尽职尽责完成自己工作的人，最多只能算是称职的员工，如果在自己的工作中再"多加 1 盎司"，你就是用思想工作的优秀员工。

事实上，许多人能获得事业上的成功，就在于他们比别人多做了那么一点。

基于这样的认识，著名投资专家约翰·坦普尔顿通过大量的观察研究，得出一条很重要的原理——多 1 盎司定律。他指出，取得突出成就的人与取得中等成就的人几乎做了同样多的工作，他们所做出的努力差别很小——只是"多 1 盎司"。但其结果是，两者所取得的成就及成就的实质内容方面，经常有天壤之别。

约翰·坦普尔顿把这一定律也运用于他在耶鲁的经历。坦普尔顿决心使自己的作业达到不是 95% 而是 99% 的正确率。结果呢？他在大学三年级就进入了美国大学生联谊会，并被选为耶鲁分会的主席，还得到了罗兹奖学金。

在商业领域，坦普尔顿把多 1 盎司定律进一步引申。他逐渐认识到只多那么一点儿努力就会得到更好的结果。那些更加努力的人就会得到更好的成绩，那些在 1 品脱的基础上多加了 17 盎司而不是 16 盎司的人，得到的份额将远大于 1 盎司对应的份额。

请你每天多做一点，这不是为了别人，而完全是为了你自己，这就是职场中的无上心法。南丁格尔曾经说过："做超出所得的工作，否则你就不会比现在得到更多。"苏珊·朗格就是一直坚持这样的信念：每天多做一点事，每天多走一英里路。所以，她成功了。

当苏珊刚进杜邦公司的时候，所有的人都不看好她，因为她没有上过大学，也没有什么出色的技能。在人才济济的公司里，她只能做一个打字员。但她并没有像别的女孩那样满足于现状。

她注意到部门主管、自己的顶头上司芬利先生的办公室里有一个大书橱，里面都是一些管理学方面的书，于是就向芬利先生借阅。芬利先生注意到了这个好学的打字员。他发现苏珊每天的工作时间都比别人多20分钟。下班后，她主动留下收拾凌乱的办公室；早晨上班时则提前10分钟来打扫办公室。而芬利先生加班时，她也主动留下来帮忙，虽然她所能做的不过是打字、查资料、倒茶之类的琐事，但的确大大提高了芬利先生的工作效率。

在以后的时间里，芬利先生已经完全习惯了苏珊的帮忙，也习惯把越来越多的事交给她去办。由于苏珊平时一直在自学管理学，因此对芬利先生的安排完全应付自如。不到3年，她便升任为部门的副经理，她的办公室就在芬利先生的隔壁。

像苏珊一样，每天都多做一点分外的事情，如此的工作思想能够使你从竞争中脱颖而出，你的老板、委托人和顾客会关注你，对你另眼相看，并逐渐地信赖你，从而给你更多的发展机会。很少有人能养成这种"多做一些分外事"的好习惯，所以你一旦养成，将会对你事业的发展起到巨大的推动作用。

社会学家戴维斯说："放弃了自己对社会的责任，就意味着放弃了自身在这个社会中更好的生存机会。"这让我们认识到勇于承担自己责任的重要性。在这个分工合作的社会，我们都要坚守自己的责任。

但是，对于一名职业人士来说，坚守自己的责任，是不是意味着只要做好自己分内的事情就够了呢？

答案是否定的。因为在一个企业中，除了每个员工要各自完成的职责，总是还有一些没有人做或者有些人该做而没有做的事情，我们暂且称之为责任的空白地带。这些空白地带同样事关企业的存亡，老板在分配责任的时候又容易忽视它们。

　　所以，一名用思想工作的员工除了要承担自己的责任外，还应主动承担起空白地带的责任。而老板会非常感激能够承担空白地带责任的员工，因为他们替自己查漏补缺，保证企业工作的顺利进行，也促进企业管理的完善。

　　有人曾经研究机会来临时为什么我们无法确认，因为机会总是乔装成"问题"的样子，以职责范围外的形式来到我们的面前。当我们以主动的姿态，抱着每天多做一点点的思想去面对它们的时候，我们就抓住了机遇的手。

　　艾迪现在是一家五金供销公司的总裁。年轻的时候，他刚踏入社会谋生，在一家五金店里当营业员。

　　有一天，一位顾客买了一批货物，有铲子、钳子、马鞍、盘子、水桶、箩筐等。这位顾客过几天要结婚了，按照当地的习俗，要提前购买这些生活和劳动用具。货物堆放在独轮车上，装了满满一车，连骡子拉起来也会有些吃力。送货员刚好休假，尽管这不是艾迪的职责，但他还是主动为顾客送货物。

　　一开始很顺利，但是，走了一段路后，车轮不小心陷进了一个不深不浅的泥潭里。他使出了吃奶的力气也推不动，后来一位好心的路人帮他把车推出了泥潭。当他满头大汗地把货物送到顾客家中，向顾客交付货物并仔细清点完货物的数目后，才回到商店，此时已经很晚了。老板对他的行为大加赞赏，认为在自己这家店里会埋没了他，便很善意地把他推荐给了自己一位在五金百货公司担任老总的朋友。由此，艾迪的境遇得到了改善，年薪涨了几倍。经过一番努力，后来，他在这一行业里干出了一番成就。

作为公司里的一名职员，面对公司的事务，我们都不要以"这不是我的工作"为由，推卸自己的责任，置身事外，而应该抱着公司的事就是自己的事的积极思想，为公司的发展着想。

这样，你就会为自己树立起认真负责的工作思想，帮助自己成长为一名优秀的职员。

如果你是公司的一名货运管理员，也许可以在发货清单上发现一个与自己职责无关且又未被发现的错误；如果你是一个过磅员，也许可以质疑并纠正磅秤的刻度错误，以免公司遭受损失；如果你是一名邮递员，除了保证信件能及时准确到达之外，也许可以做一些超出职责范围的事情。这些工作也许是专业技术人员的职责，但是，如果你做了，就等于为自己播下了成功的种子。

"多加1盎司"其实并不难，我们已经付出了99％的努力，已经完成了绝大部分的工作，再多增加"1盎司"又有什么困难呢？但是，我们往往缺少的却是"多1盎司"所需要的那一点点责任、一点点决心、一点点敬业的思想和自动自发的精神。

"多加1盎司"其实是一个简单的秘密。在工作中，有很多东西都是我们需要增加的那"1盎司"。大到对工作、公司的态度，小到你正在完成的工作，甚至是接听一个电话、整理一份报表，只要能"多加1盎司"，把它们做得更完美，你将会有数倍于1盎司的回报。

获得成功的秘密在于不遗余力——加上那1盎司，"多1盎司"的思想会使你最大限度地发挥你的天赋。约翰·坦普尔顿发现了这个秘密，并把它运用到他的学习、工作和生活中，从而获得了巨大的成功。从现在起，你也掌握了这个秘密，好好运用它吧！

第十四章

保持激情，点燃成功的火炬

充满热忱去行动

　　一个人成功并获取财富的因素有很多，而居于这些因素之首的就是热忱。热忱就是内心里的光辉———一种发自内心的炽热的光辉。

　　无论任何地方都能培养出热忱，其回报必然是积极的行动、成功和快乐幸福。这可以从体育比赛中看出来。我常引述纽约中央铁路公司前总经理佛瑞德瑞克·魏廉生的话："我愈老愈相信热忱是成功的秘诀。成功的人和失败的人在技术、能力和智慧上的差别通常并不是很大，但是如果两个方面都差不多，具有热忱的人将更能得偿所愿。一个人能力不足，但是具有热忱，通常会胜过能力很强、但是欠缺热忱的人。"魏廉生的话清楚地反映出他自己的观念，因此就写了一本小册子，谈论热忱的重要性，并给每个成员都发了一份。

　　南非的一位学员阿尔夫·麦克依凡运用了热忱原则，和一个难缠的顾客建立了生意往来。麦克依凡是一家出租起重机给承包商的公司的推销员。那位被他称为史密斯先生的人总是非常粗鲁无礼，经常大发脾气，见了两次面，史密斯都拒绝听他的解说。但是麦克依凡还是要再见史密斯一次。麦克依凡说出了经过："史密斯先生又在发脾气，站在桌子前面向另一个推销员大声吼叫。史密斯先生脸红得像以前一样，而那个可怜的推销员正浑身抖个不停。我不愿意让这种景象吓倒我，我决心表现出我的热忱。我走进他的办公室，他粗声粗气地说：'怎么又是你。你要什么？'在他继续说下去之前，我先展开微笑，以平静的声音和最热忱的态度对他说：'我要将所有你要的起重机租给你。'他站在办公桌后面15秒钟没有说话。他以很不解的眼光看着我，然后说：'你坐在这里等我。'他在一个半小时以后回来，招呼我说：'你还在这里？'我告诉他我有非常好的计划提供给他，因此我必须要向他介绍了这个计划之后才会离开。结果我们订了一年的合约，并且还开展了一些新业务。"

对于创业者们来说，热忱能使他们发挥更大的潜力，能为他们赢得更多的创富机会。而且热忱不能只是表面功夫，必须发自一个人的内心，假装的热忱不可能持续多久。产生持久的热忱方法之一是订出一个目标，努力工作去达到这个目标，而在达到这个目标之后，再订出另一目标，再努力去达成。这样做可以提供兴奋和挑战，如此就可以帮助一个人维持热忱。

詹姆士·伦第威曾经参加我在明尼亚波利斯开的课，那时候他在为约翰韩考克保险公司推销人寿保险。他极为热心于我的课程，以至于他被公司调到密苏里州圣路易市之后，就去找那里的负责我的课程的经理雷德·史托瑞，志愿担任小组长（由毕业学员担任，做协助教师的工作），最后自己也获得了担任教师的资格。

不到一年的时间，伦第威就升任了人事经理，并且在圣路易建立了业绩最优的推销员群。他已经有资格买凯迪拉克车了，但是他还不满意，他去找他的上司，说是他如果做现在的工作，做久了就不会快乐。他说："我要做你的工作或者和你差不多的工作，否则在今年年底之前我就会辞职不干了。"他做人事经理做得太好了，公司不愿意失去他。在第二年初，他被派到俄克拉何马州杜沙市担任分公司经理。以前公司在杜沙没有分公司，没有推销人员，没有顾客，但是不出一年伦第威雇用了42名推销员，并且打破了公司的推销纪录。

后来，公司把他调到波士顿担任那里的发展训练经理，负责在全美国各地设立分公司。过了一年，公司派他回到圣路易市，担任地区副总经理，而这时候，他才30岁刚出头。不论在什么地方，只要有时间，他就会为我的培训班上课。不到35岁，伦第威的职务又调动了——调为公司的副总经理。

不论男女，只有像伦第威这种对工作抱有高度热忱和兴趣的人，才会有资格在我的课程上担任授课任务。通过伦第威的故事，我们可以得出以下几点关于热忱的好处的结论：

（1）增加你思考和想象的强烈程度；

（2）使你获得令人愉悦和具有说服力的说话语气；

（3）使你的工作不再那么辛苦；

（4）使你拥有更吸引人的个性；

（5）使你获得自信；

（6）强化你的身心健康；

（7）建立你的个人进取心；

（8）更容易克服身心疲劳；

（9）使他人感染你的热忱。

热忱就像汽油一样，用得好，它就会做一些有意义的工作，反之，就会带来灾难。热忱失控可能会使你垄断谈话的内容，如果你一直谈论你自己，则其他人就会降低和你谈话的意愿，并且在你寻找帮助和建议时，拒绝给你帮助和建议。

你必须注意不要让你的热忱蒙蔽了你的判断力，更不要因为你认为某项计划很好，就把它泄露给你的竞争对手。如果你能看出它的价值，别人同样也看得出来。在你所拟的计划还需要其他资源或环境配合之前，切勿匆忙付诸实施。

别把所有的热忱都用来消遣时光，否则你将不再有多余的热忱来实现你的明确目标，而且你很快就会连做一些消遣活动的资源都没有了。

让我们的内心也充满热忱吧，对生活、对别人、对未来。如果能做到这一点，成功与创富的机遇一定会降临到我们身上。

如何培养热忱

热忱可以鞭策一个人从浑噩中奋起做事。有这样一个例子：

纽约州柴第凯的凯布陆那医生，讲到他以前想寻求支持，在他那个郡里面成立美国防癌协会分会，但却遭到挫折的情形。他说："我提出的每个办法，每个建议，别人都会说'我们以前做过，但是没有结果'或者是'没有人会有兴趣'。我大为恼火，心里难过。大概一星期以前，我和我医院里的同事谈及此事，我不再像以前那样只是坐在办公桌前面，我站起来了，热忱地说出我的理由、主张。我并没有到处乱跳乱蹦、乱叫乱喊，我只是表现出我的诚恳、热情、渴望和愿意追求一个目标。这种感觉是不容易描述出来的，但是可以从我的听众的密切注意和面部表情看得出来。结果是大家都积极活动，支持我们在那里成立这么重要的一个组织。"

培养热忱首先也要去处理我们最不感兴趣的事。而在努力工作后，我们会发现这些事，并不如我们以前所想的那样无趣或困难。该如何做呢？

　　（1）制订一个明确目标。

　　（2）清楚地写下你的目标、达到目标的计划以及为了达到目标你愿意做的付出。

　　（3）用强烈欲望作为达成目标的后盾，使欲望变得狂热，让它成为你脑子中最重要的一件事。

　　（4）立即执行你的计划。

　　（5）正确而且坚定地照着计划去做。

　　（6）如果你遭遇失败，应再仔细地研究一下计划，必要时应加以修改，别只因为失败就变更计划。

　　（7）与你求助的人结成智囊团。

　　（8）断绝使你失去愉悦心情以及对你采取反对态度者的关系。务必使自己保持乐观。

　　（9）切勿在过完一天之后才发现一无所获。你应将热忱培养成一种习惯。

　　（10）保持着无论多么遥远，你必须以达到既定目标的态度推销自己，自我暗示是培养热忱的有力力量。

　　（11）随时保持积极心态，在充满恐惧、嫉妒、贪婪、怀疑、报复、仇恨、无耐和拖延的世界里不可能出现热忱，热忱需要积极的思想和态度。

　　"你怎么能够使学员的热忱增加5倍？"有些在我课程上担任授课任务的教师这样问我，我在给我的同事茂瑞·莫休的一份备忘录中这样写着：

第一，强迫自己采取热忱的行动，你就会逐渐变得热忱。

第二，深入发掘你的题目，研究它、学习它，和它生活在一起，尽量搜集有关它的资料。这样做下去就会不知不觉地使你变得更为热忱。例如，我以前对于崇拜林肯并不热忱，直到我写了一本有关林肯的书以后才改变，现在我非常热忱地崇拜他。华盛顿可能是和林肯一样伟大的人物，但是我对他并不如我对林肯那样崇拜，因为有关华盛顿的事我知道得并不太多。对于任何事情，只有在深入了解以后，你才会产生热情。

我有两个邻居。一个是公鉴名人，如果请他谈公鉴方面的事，他可以说上一整天；另一个是有名的雕刻家，对于雕刻他可以立刻表现出热忱，但是对于公鉴方面的事，他就不可能表现出热忱了。

我太太桃乐丝并不崇拜林肯，因为她对林肯知道的不多，但她几乎可以说是莎士比亚相关研究的权威专家，因只要谈到莎士比亚，她就会兴奋得不得了。莎士比亚的事我知道得很少，林肯的事我知道得很多，我崇拜莎士比亚的热忱，不及我崇拜林肯的热忱的 2/3。

热忱是什么？热忱就是将内心的感觉表现到外面来，让我们把重点放在促使人们谈论他们最感兴趣的事上，如果我们做到这一点，说话的人就会像呼吸一样地、不自觉地表现出生机。我们教课要尽量从人们的内心着手。

热忱和大声讲话或呼叫不是一码事。我还这样写道：

我说热忱，是指一种热情的精神特质，是深入人的内心里的……我喜欢称之为"抑制的兴奋"。如果你内心里充满要帮助别人的愿望，你就会兴奋。你的兴奋从你的眼睛、你的面孔、你的灵魂以及你整个为人方面辐射出来。你的精神振奋，而你的振奋也会鼓舞别人。

在我的办公桌上和我家的镜子上都有同样一块牌子，巧的是麦克阿瑟将军在南太平洋指挥盟军的时候，办公室墙上也挂着一块牌子，上面写着同样的座右铭：

你有信仰就年轻，疑惑就年老；

有自信就年轻，畏惧就年老；

有希望就年轻，绝望就年老；

岁月使你皮肤起皱，但是失去了热忱，就损伤了灵魂。

这是对热忱最好的赞词。培养发挥热忱的特性，我们就可以对我们所做的每件事情，加上火花和趣味。

一个热忱的人，无论从事的是什么职业，都会认为自己的工作是一项神圣的天职，并怀着深切的兴趣。对自己的工作有热忱的人，不论工作有多么困难，或需要多少次的训练，始终会用不急不躁的态度去进行。只要抱着这种态度，任何人都会成功，都会达成目标。

爱默生说过："有史以来，没有任何一件伟大的事业不是因为热忱而成功的。"这真是一句精彩的忠告，它不仅是华美的辞藻，更是一个指导成功的路标。

如果认为你的热忱应该发生作用，而它却跟不上你发挥其他原则方面的进度时，你可以利用一些简单的练习来刺激你的热忱。

（1）进行热忱的行动。这个建议好像是不必要的吧！不，它是有必要的。不要以为你以热忱的态度参加会议，就不用再谈这项建议了。自信地和他人握手，以明确的言辞回答问题，坚定地主张你的观念和建议所具有的价值。理想的情况是以自己的热忱，使这些行为都变成自动自发的反应。但如果你能有意识地执行这些行为，你将会看到积极的结果，而这又会再燃烧热忱的火花。

（2）记好热忱的日志。你的热忱高涨时，可将它记在记事簿里，记录激发热忱的环境，以及因为热忱而表现出来的举动：你会因为被激励而展开行动吗？你解决问题了吗？你说服某人了吗？同样，在记事簿中记入你的明确目标和达到目标的计划，每当你的热忱高涨时就把它记下来。这不但能提醒你出现热忱的原因，同时也能使你回顾一下热忱所带来的好处。热忱就像一个螺旋，它会向内转或向外转，也会上升或下降。使你的热忱循着正确的方向发展。当热忱的螺旋转错方向时，不妨回顾一下你的记事簿。

（3）做一些"办得到"的工作。从另一种角度讲，"办得到"的工作就像拐杖一样，但如果你不出门，拐杖对你是不会有什么帮助的。"办得到"的工作，是你知道你能做得既好又快的工作。你应该使它的和你的明确目标发生关系，以使它能帮助你引导并且控制你的热忱。例如你有一家五金行，虽然你的责任不是照顾销售柜台，而是在后面的办公室中处理业务，但你却很清楚你对销售工作是多么感兴趣，这个时候你不妨站到销售的柜台边卖一些东西，以重新振奋一下你的热忱。

失败时为自己打气

一个人在奔赴成功的路上，最害怕的就是自己缺乏必胜的信心。一个光有发达的四肢、健壮的肌体的人并不是一个完全健康的人。在一个发育良好的人的体内，必须同时具有一种正常而良好的心理，这才是我们获得幸福、取得成功的前提。

我们每个人都可能遭受情场失意、商场失利等方面的打击，我们每个人都会经历幸福时的欢畅、顺利时的激动、委屈时的苦闷、挫折时的悲观、选择时的彷徨：这就是人生。人生就是一碗酸、甜、苦、辣的汤，任何人都要品尝。

人生的幸福美满其实是人的一种感觉，一种心情。一个人是欢欣鼓舞、兴高采烈，还是孤独苦闷、垂头丧气，这主要由我们的心理、态度来支配。事物本身只是影响我们的态度，并不能直接影响我们的心情。

这世上信心不足的人数和营养不良的人数一样多。信心不足这种"疾病"会使人把自己约束在昨日的生活模式之中，而不敢轻易尝试突破现状，过着没有明天、没有希望的日子。营养不良会使人身体无法正常发育，同样地，信心不足会使人的能力无法得到充分发挥。

不同的是，营养不良有药可医，信心不足必须靠自身努力来医治。以下是拳击手杰克·丹普先生远离忧虑的故事：

在我的拳击生涯中，我发现最强劲的敌人不是那些重量级的选手，而是自己内在的情绪困扰，因为情绪上的忧虑不但会消耗体力，还会影响拳击的进行。所以，我为自己制订了一套原则，借以保持充沛的体力与旺盛的精力。这一套原则如下。

（1）为了让自己有充足的勇气，每当拳赛开始前我都会自我鼓励一番，反复地对自己说："不要怕，没有什么可以伤得了我，他击不倒我。"这种积极的鼓舞确实产生了不小的作用。

例如，在我和佛波比赛的时候，我不断地对自己说："没有人敌得过我，他伤不了我，他的拳头伤不了我，我不会受伤，不管发生什么事，我一定要勇往直前。"像这样为自己打气，使想法趋向积极，对我帮助很大，甚至使我不觉得对方的拳头在攻击。

在我的拳击生涯中，我的嘴唇曾被打破，我的眼睛被打伤，肋骨被打断，而佛波的一拳将我打得飞出场外，摔在一位记者的打字机上，把打字机压坏了，但我对佛波的拳头却并无感觉。只有一次，那天晚上李斯特·强森一拳打断了我的3根肋骨，那一拳虽不致让我倒下，但影响到了我的呼吸。我可以坦白地说，除此之外，我在比赛中未对任何一拳有过知觉。

（2）我一再地提醒自己，忧虑不但于事无补，反而还会产生相反效果。我的大部分忧虑，都出现在我参加重大比赛之前，也就是接受训练期间。我经常在半夜醒来，一连好几个钟头，心里十分忧虑，辗转反侧，无法成眠。我担心会在第一回合中被对方打断手，或扭了脚踝，或眼睛被严重打伤，如果这样我就不能充分发挥攻势。所以，每次我因为担心第二天的赛程而睡不着觉时，就会下床对着镜子中的自己说："你真是个傻瓜，何必为了尚未发生的事或根本不会发生的事而担忧呢？人生如此短暂，应该好好把握、享受生命才是啊，还有什么比健康更重要的呢？"这样日复一日、年复一年地提醒自己，久而久之，这些话好像印到我的骨髓里，经常不自觉地就浮现在脑海中，帮助我克服了许多情绪上的困扰。

世界上不是每个人都要面临巨大的困难，但是每个人都存在着若干问题。每个人都能通过暗示或自我暗示让激励标记产生作用。一种最有效的形式就是有意记住一句自我激励的语句，以便在需要的时候，这句话能从下意识心理闪现为有意识心理，如："我激励你！"

阿廉·方索斯是美国密苏里州东南地区某农场里的一个病弱的孩子。他在上小学时遇到了一位优秀老师，这位老师鼓励小阿廉·方索斯去改变自己的世界。老师用挑战的方式鼓励他："我激励你！""我激励你成为学校中最健康的孩子！""我激励你"成了阿廉·方索斯一生自我激励的语句。

他果真变成了学校中最健康的孩子。他在85岁逝世之前，帮助了数以千计的青年获得良好的健康状况，他还帮助他们立志高远、做事刚勇、服务周到。

"我激励你！"激励着他建立了美国最大的公司之一——若尔斯通培

里拉公司；"我激励你！"激励着他从事创造性的思考，把负债转化为资产；"我激励你！"激励着他组织美国青年基金会——它的目的是训练男女青年独立生活的能力。

"我激励你！"激励着阿廉·方索斯写了一本书，名叫《我激励你》。今天这本书正在激励着人们勇敢地把这个世界改造为更好的社会。

每天早晨给自己打气，这在心理学上是非常重要的。阿廉·方索斯做了多么好的一个证明：一句自我激励语有力地帮助人们发挥积极的心态！如果你要加强信心，可采用以下方式。

（1）正确评价自己的才能与专长。你不妨将自己的兴趣、爱好、才能、专长全部列在纸上，这样你就可以清楚地看到自己所拥有的东西。另外，你也可以把做过的事制成一览表。譬如：你会写文章，记下来；你擅长于谈判，记下来；另外，打字、演奏乐器、修理机器等事情，你都可以记下来。知道自己会做哪些事，再去和同年龄其他人的经验做比较，你便能了解自己能力的强弱。

（2）利用微笑鼓舞勇气。许多人都知道，微笑对他们有较大帮助。微笑是治疗"信心衰弱症"的最佳药方。但许多人还是将信将疑，他们在恐惧的时候，也从未试图微笑过。

做个小小试验：试着在感觉沮丧、失败的时候微笑。一般来讲，你做不到。因为微笑与失败难以并存。但微笑会战胜恐惧、赶走忧虑，也会击垮你的依赖情绪。

一个真正的笑脸远比仅仅治疗你的不良感觉有用得多。一个真正的微笑，可以融化别人对你的反对意见。面对你的微笑，别人也不可能暴跳如雷。

微笑会使你觉得"幸福日子又回来了"。但是一定要充分自然地笑，半笑不笑或皮笑肉不笑均不能表示你的善意。笑至露齿，这种充分的微笑才能取得最佳效果。

（3）恢复优越感与自信心。笑就是胜利的表现，的确，笑可以说是一种优越感的表现。运动场上的胜利者，常常面带笑容，这就是因为他这时陶醉在优越感里。当我们观赏滑稽故事或相声时，也都会被引得哈哈大笑起来。

如果你能积极利用这种笑的效果，则可医治因失败而产生的悲观和紧张，甚至可将绝望感吹得无影无踪。怪不得有许多人在怏怏不乐时，就会跑到游乐场去调剂一下情绪。同样地，如果在忧郁的时候，读一读身旁的漫画或幽默小说，心情立刻会开朗起来，甚至干劲十足。换句话说，利用外界的刺激，来引发自己大笑，便会使自己恢复优越感或自信心。

同样地，不管想什么办法，都不易把忧郁症消除殆尽。在这种情况之下，最有效的办法，莫过于先创造一个令人发笑的环境。不愉快的心情常会因阅读幽默小说或漫画，而在不知不觉中开朗起来，当然，斗志也跟着旺盛起来。

看到舞台，而不是薪水

也许是目睹或者耳闻父辈或他人被老板无情解雇的事实，现在的年轻人往往比上一代将社会看得更冷酷、更严峻，因而也就更加现实。

在他们看来，我为公司干活，公司付我一份报酬，等价交换，仅此而已。他们看不到薪水以外的价值，在校园中曾经编织的美丽梦想也逐渐破灭了。没有了信心，没有了热情，工作时总是采取一种应付的态度，宁愿少说一句话，少写一页报告，少走一段路，少干一个小时的活……他们只想对得起自己目前的薪水，从未想过是否对得起自己将来的薪水，甚至是将来的前途。

某公司有一位员工，在公司已经工作了10年，薪水却不见涨。有一天，他终于忍不住内心的不平，当面向雇主诉苦。雇主说："你虽然在公司待了10年，但你的工作经验却不到1年，能力也只是新手的水平。"这名可怜的员工在他最宝贵的10年青春中，除了得到10年的新员工工资外，其他一无所获。

也许，这个雇主对这名员工的判断有失准确和公正，但我相信，在当今这个日益开放的年代，这名员工能够忍受10年的低薪和持续的内心郁闷而没有跳槽到其他公司，足以说明他的能力的确没有得到更多公司的认可，或者换句话说，他的现任雇主对他的评价基本上是客观的。这就是只为薪水而工作的结果！

大多数人因为不满足于自己目前的薪水，而将比薪水更重要的东西也丢弃了，到头来连本应得到的薪水都没有得到。这就是只为薪水而工作的可悲之处。

如果要让我对刚跨入社会的青年所遇到的切身问题发表意见，那么我希望每个青年都切切牢记："在你们开始工作的时候，不必太顾虑薪水的多少。而一定要注意工作本身所给予你们的报酬，比如发展你们的技能，增加你们的经验，使你们的人格为人所尊敬，等等。"

雇主所交付给年轻人的工作可以发展我们的才能，所以，工作本身就是我们人格品性的有效训练工具，而企业就是我们生活中的学校。有益的工作能够使人丰富思想，增进智慧。

如果一个人只是为着薪水而工作，而没有更高尚的目的，那么这实在不是一种好的选择。在这个过程中，受害最深的倒不是别人，而是他自己。他就是在日常的工作中，欺骗了自己，而这种因欺骗蒙受的损失，即便他日后奋起直追，振作努力，也不能赶上。

雇主只支付给你微薄的薪水，你固然可以敷衍塞责来加以报复。可是你应当明白，雇主支付给你工作的报酬固然是金钱，但你在工作中给予自己的报酬，乃是珍贵的经验、优良的训练、才能的表现和品格的建立，这些东西的价值与金钱相比，要高出千万倍。

许多年轻人认为他们目前所得的薪水太微薄了，所以竟然连比薪水更重要的东西也宁愿放弃了，他们故意躲避工作，在工作过程中敷衍了事，以报复他们的雇主。

这样，他们就埋没了自己的才能，消灭了自己的创造力和发明才能，也就使自己可能成为领袖的一切特性都无法获得发展。为了表示对微薄薪水的不满，而选择敷衍了事地工作，这无异于使自己的生命枯萎，使自己的希望断送，终其一生，只能做一个庸庸碌碌、心胸狭隘的懦夫。

每个人对于自己的职位都应该这样想：我投身于企业界是为了自己，我也是为了自己而工作。固然，薪水要尽力地多挣些，但那只是个小问题，最重要的是由此获得踏进社会的机会，和在社会阶梯上不断晋升的机会。通过工作中的耳濡目染获得大量的知识和经验，使自己的能力得以提升，这将是工作给予你的最有价值的报酬。

能力比金钱重要千万倍，因为它不会遗失也不会被偷。许多成功人士的一生跌宕起伏，有攀上顶峰的兴奋，也有坠落谷底的失意，但最终能重返事业的巅峰，俯瞰人生。原因何在？是因为有一种东西永远伴随着他们，那就是能力。他们所拥有的能力，无论是创造能力、决策能力还是敏锐的洞察力，绝非一开始就拥有，也不是一蹴而就的，而是在长期工作中积累和学习得到的。

你的雇主可以控制你的工资，可是他却无法遮住你的眼睛，捂上你的耳朵，阻止你去思考、去学习。换句话说，他无法阻止你为将来所做的努力，也无法剥夺你因此而得到的回报。

许多员工总是在为自己的懒惰和无知寻找理由。有的说雇主对他们的能力和成果视而不见，有的会说雇主太吝啬，付出再多也得不到相应的回报……

一个人如果总是为自己到底能拿多少工资而大伤脑筋，他又怎么能看到工资背后的成长机会呢？他又怎么能领会到从工作中获得的技能和经验，对自己的未来将会产生多么大的影响呢？这样的人只会逐渐将自己困在装着薪水的信封里，永远也不会懂得自己真正需要什么。

总之，不论你的雇主有多吝啬、多苛刻，你都不能以此为由放弃努力。因为，我们不仅是为了目前的薪水而工作，我们还要为将来的薪水而工作，为自己的未来而工作。一句话，薪水是什么？薪水仅仅是我们工作回报的一部分。

世界上大多数人都在为薪水而工作，如果你能为自己的成长而工作，你就超越了芸芸众生，也就迈出了成功的第一步。

从前在宾夕法尼亚的一个山村里，住着一位卑微的马夫，后来这位马夫竟然成了美国最著名的企业家之一。他靠着惊人的魄力和独到的思想撑起了事业的大厦，他一生的成就为世人所景仰。他就是查尔斯·齐瓦勃先生。

年轻的朋友们很关心齐瓦勃先生的成功，那么为什么他会获得成功呢？齐瓦勃先生的成功秘诀是：每谋得一个职位，他从不把薪水的多少视为重要的因素，他最关心的是新的位置和过去的职位相比较，是否前途和希望更为远大。

他最初在工厂里做工，当时他就自言自语地说："终有一天我要做到本厂的经理。我一定要努力做出成绩来给老板看，使老板主动来提拔我。我不会计较薪水的高低，我只要记住：要拼命工作，要使自己工作所产生的价值，远超过我所得的薪水。"他下定决心后，便以十分乐观的态度，心情愉快地努力工作。在当时，恐怕谁也不会想到齐瓦勃先生会有今日巨大的成就。

齐瓦勃的童年时代家境异常艰苦，所以，他只受过很短时间的学校教育。齐瓦勃从15岁开始，就在宾夕法尼亚的一个山村里做马夫。2年之后，他又获得了另外一个工作机会，周薪为2.5美元。但他仍然无时无刻不在留心其他的工作机会。果然他又遇到一个新的机会：他应一位工程师之邀，去某钢铁公司的一个建筑工厂工作。工资由原来的周薪2.5美元变为日薪1美元。做了一段时间后，他就又升任技师，接着一步一步升到了总工程师的职位上。齐瓦勃到了25岁时，他晋升到房屋建筑公司的经理了。5年之后，齐瓦勃开始出任该钢铁公司总经理。到39岁时，齐瓦勃接过了全美钢铁公司的权柄，出任总经理。后来，他又成为贝兹里罕钢铁公司的总经理。

齐瓦勃只要获得一个位置，就决心要做所有同事中最优秀的人。他绝不会像某些人那样脱离现实胡思乱想。有些人经常会不守公司的纪律，常常抱怨公司的待遇，甚至于宁愿在街头流浪，静待所谓的良机，也不愿刻苦努力。齐瓦勃深知，只要一个人有决心、肯努力、不畏难，必定可以成为成功者。在今天的年轻人看来，齐瓦勃先生一生的奋斗与成功故事，简直是一个情节曲折的传奇，但更是一个对人教益最多的典范。

从他一生的成功史中，我们可以看到努力劳动所具有的非凡价值。干任何事情，他都能做到非常乐观而愉快，同时在业务上求得尽善尽美，精益求精。所以，在他与同事们一起工作时，那些有难度、要求高的事情，都得请他来处理。齐瓦勃先生做事的态度是一步一个脚印，他从不妄想一步登天、一鸣惊人，所以，他地位的上升也是势所必至、天意使然。

不让坏情绪影响自信心

　　一个对自己相貌没有自信的人，会觉得做事没底气；一个刚刚经历挫折的人，对成功的目标会敢想不敢做；一个时常遭受别人否定的人，对自己拥有的能力会产生深深的怀疑。所有的这一切皆因为它们所带来的坏情绪，从而导致失去自信心。

　　因为一个被不良情绪主宰的人，在行动之时缺乏理性的判断，一般会产生对再一次失败的恐惧，这将深深影响到他的自信心。

　　她是一个奇丑无比的女人。据说，她刚生下来的时候，连医生都吓得大叫起来。长大后，谁见了她都说她是这个世界上最丑的女人了，连亲戚都避着她，大人小孩没有一个愿意接近她的，更不要说去爱她了。

　　在她的记忆里，只有母亲一个人没有嫌弃过她，可是母亲在她15岁那年就得病死了。她一生唯一能做的事，就是整日躲在母亲开辟的那个不大的花园里摆弄那些花草。

　　直到有一天，人们惊讶地发现，她的花园里开出了很多漂亮的花，比上电视的那些名贵花卉还要漂亮许多。于是，有人要买她的花，可是她不卖，因为她不相信他们真的喜欢那些花。

　　不久，邻居从报上得知省里要举办花卉大赛，有丰厚奖金，便急着来告诉她，劝说她去参赛，并且断言她一定能够获大奖。

　　她很固执，不肯参赛，但后来还是有人说动了她。当她带着她的花出现在比赛现场的时候，几乎所有人都惊呆了，那些花太漂亮了！而这个女人的脸上也焕发着动人的光彩。女人鼓起勇气微笑着把花赠送给观众，那一刻她觉得自己快乐极了。在人们的盛赞中，她已经忘记了自己丑陋的脸……

一个人关于失败的体验会深深地烙在脑海中，经久不衰、历久弥新。因此有人说："我们通常不容易回忆起幸福和成功的喜悦，但却能在第一时间记忆起伤心的往事。"

一个大学毕业不久，却接连遭受用人单位的拒绝和解聘的男孩，在经历那么多的挫折之后，他一度怀疑自己是否一无是处。他开始降低自己对工作的要求——他感到他已不能胜任职位较高的工作，他对新工作已失去信心和激情，连一份简单的工作都干不好，他被迫辞职。这一次，他没有立刻投入找工作的大军中，而是与他的密友认真分析了几次失败的求职与工作经历，得出的结论居然是：由于第一次的一点挫折而造成了情绪的困扰，继而影响了以后做事的信心。

调整心情后，他觉得信心大增，对前途感到一种从未有过的自信。

沃尔特·迪士尼当年被报社主编以缺乏创意的理由开除，建立迪士尼乐园前也曾破产好几次。爱因斯坦4岁才会说话，7岁才会认字，老师给他的评语是："反应迟钝，不合群，满脑袋不切实际的幻想。"他曾遭到退学的对待。牛顿在小学的成绩一团糟，曾被老师和同学称为"呆子"。

这些成功的人并不在意别人对他们的讥讽和否定，而是坚持了下来。而很多人却因为他人无谓的评价而消沉下去，他们会认为既然受到了批评，就一定是自己的问题，但是他们并不去真正深刻地剖析自己，使自身的价值不幸地被埋没在他人的批评中。

戴高乐说："眼睛所看着的地方，就是你会到达的地方。唯有伟大的人才能成就伟大的事，他们之所以伟大，是因为决心要做出伟大的事。"而伟大的人之所以有要做出伟大的事的决心，就是他们在评价自己的时候能够不受他人的影响，更不会因为情绪的影响而丧失自信心。

重视自我激励的力量

人的一切行为都是因受到激励而产生的。你激励别人，别人也激励你，同时通过不断地自我激励，你会生出一股内在的动力，朝着期望的目标奋斗，最终到达生命的高峰。

没有人是不受到激励而去做事的。当你为了任何一定的目的而要激励自己或激励别人时，就必须有积极的心态、美好的希望。激励的动因是人体内的一种"内部体能"，我们每个人自身都有一个巨大的宝库，只要找到了自我激励的钥匙，打开它，并行动起来，那么你就能打开成功的大门。

任何一个阳光的人面对一个严重的个人问题时，自我激励语句就会从潜意识闪现为显意识去帮助他。在紧急情况下，特别是在死亡的大门即将开启的时候，这一点就显得尤为重要。约翰的情况就是这样。

午夜1点30分。在医院的一间病房里，两位女护士正紧张地工作着——每人各抓住约翰的一只手腕，力图摸到脉搏的跳动。因为约翰在整整6个小时里都未能脱离昏迷状态。医生已经做了他所能做的一切事情，然后离开了这个病房，给其他病人看病去了。

约翰不能动弹、谈话或抚摸任何东西。然而，他能听到护士们的声音。在昏迷时期的某些时间里，他能相当清楚地思考。他听到一位护士激动地说："他停止呼吸了！你能摸到脉搏的跳动吗？"

回答是："没有。"

他一再听到如下的问题和回答：

"现在你能摸到脉搏的跳动吗？"

"没有。"

"我很好，"他想，"但我必须告诉他们。无论如何我必须告诉他们。"

同时他对护士们这样近于"愚蠢"的关切又觉得很有趣。他不断地想："我的身体状况良好，并非即将死亡。但是，我怎样才能告诉他们这一点呢？"

于是他记起了他所学过的自我激励的语句：如果你相信你能够做这件事，你就能完成它。他试图睁开眼睛，但失败了。他的眼睑不肯听他的命令。事实上，他什么也感觉不到。然而他仍努力地睁开双眼，直到最后他听到这句话："我看见一只眼睛在动——他仍然活着！"

"我并不感觉到害怕，"约翰后来说，"我仍然认为那是多么有趣啊！一位护士不停地向我叫道：'约翰先生，你还好吗……'对这个问题我要以闪动我的眼睑来作答，告诉他们我很好，我仍然在世。"

这种情况持续了相当长的一段时间，直到约翰通过不断的努力睁开了一只眼睛，接着又睁开另一只眼睛。恰好这时候，医生回来了。

医生和护士们以精湛的技术、坚强的毅力，使他起死回生了。

无论别人如何评价你的能力，你绝不能容许自己怀疑自己成就一番事业的能力，你绝不能对自己能否成为杰出人物心存疑虑。要尽可能地增强你的信心，在很大程度上，运用自我激励能使你成功地做到这一点。

（1）读名人传记。经常地阅读一些名人的传记，特别是你所喜欢的名人的传记，你会发现你能从那个名人的身上汲取到你所需要的力量，作为自己成功的动力。

（2）做自己怕做的事情。这类人一般是属于极度缺乏自信心的人。做这种事的目的就是要从中获得一次成功的机会，从而增加自己的自信心。

（3）积小胜为大胜。每个小小的胜利对其本身来说算不了什么，但是把这些小小的胜利积累起来，到了一定的时间，就是一个大大的胜利了。

（4）再给自己一个机会。人非圣贤，孰能无过？过而能改，善莫大焉。每个人都有犯错误的时候，只要能改过来，就是好的，可是你得给自己一个改过的机会，这样才是对自己的一个公平的举动。

（5）给失败找出适当的原因。人们最害怕的事情就是毫无理由的失败，即便失败了，也得找出一个理由。这不是掩盖自身的问题，而是给自己的心理找一个安慰，这样就不至于把自己的自信心也输掉。

（6）改变成功的观念。成功并不是说非得打败对手，独占鳌头，真正的成功是指自我价值得到社会的肯定，自己的人生价值得到周围人的肯定。

要重视自我激励的力量，让它成为你立身行事、成就大业的人生资本。

第十五章

不惧挫折，跌倒后站不起来才失败

永存希望在心中

按照我们所希望的方式，或者说按照事物所应有的方式去思考和评判事物，并相信我们自身的完美，相信我们不会有任何缺憾，这样一种思维方式会成为一种巨大的内在力量，从而改变我们的生活，改变我们的人生。要时时记得我们所想要成为的那种理想的人。牢记你对自己能力、自己各方面素质的期望，不断地克制自己。不要总是想着自己的弱点、不足或失败。而要牢记理想、勇往直前、顽强拼搏，这才有助于你实现自己的目标。

时时期望，相信自己能实现雄心壮志，这种习惯会产生一种神奇的力量，促使我们的梦想变成现实。时时充满希望，坚信事物是在向好的方向发展而不是朝着坏的方向发展，相信我们是在走向成功而不是在走向失败，这种积极向上的生活态度会使我们精神振奋，备受鼓舞。无论发生任何事情，我们都会感到快乐。

当法国被战争浓浓的硝烟笼罩的时候，一群艺术家住在巴黎一栋破旧的房子里。他们中有音乐家、作家、诗人还有画家。贫穷的人们挤在一栋房子里相互帮助着，而冬天的寒冷和疾病缠绕着他们。在每天面包和水都岌岌可危的日子里，能挺过疾病的人真是太少了，隔不多久，就有人被抬出这栋破房子。在房子对面的矮墙上曾爬满了常春藤，可冬天的风使一切生命都失去了颜色与活力。

在房子最下一层一个房间里，住着两位年轻的姑娘，她们极可能成为未来巴黎舞台上的舞蹈家。但现在她们中的一位因疾病来袭，已经躺在病床上很久了。缺乏食物的人们更无力承担医药费用。早晨，病床上的姑娘对自己的同伴说："我从我的窗口可以看见对面的矮墙，我可以看见上面还有五片树叶，如果那里还有一片树叶，我就会看到下一个春天的来临。"姑娘了解自己的病情已十分严重，医生的脸上也流露出不太乐观的神情。每一天，姑娘都会睁开双眼去看对面矮墙上的树叶。狂风吹过，树叶也一一掉落，到了第三天，墙上只剩下最后一片树叶了。

姑娘的同伴很焦急。她们的家里已没有任何值钱的东西，能卖的已经全卖了。这位好心的伙伴来到同一栋楼的老画家那儿，请求他去帮帮忙，想办法挽留那片树叶。同样一贫如洗的画家对那位好心的姑娘说："风一夜能吹落所有的树叶，我也没有办法，冰天雪地的又怎么去想办法呢？"大家都充满悲伤地等待着明天，希望明天病床上的姑娘还能活着。第二天早上，姑娘从病床上睁开眼，疲惫而又欣喜地说："我就知道还会有一片绿色的树叶悬挂在枯萎的藤蔓上。"

她不知道那是老画家晚上提着灯，赶在天亮前在矮墙上画上的一片绿叶，是他给了病危的姑娘一个新的希望。

永远充满希望，保持乐观向上的态度——朝最好处着想，用最高的标准要求，保持最快乐的心态——而绝不容许自己陷入悲观、绝望的心境。

　　你要完全相信，你能完成你想做的事情。对此，你不能有一丝一毫的怀疑。如果这种怀疑的念头爬上你的心头，你要毫不客气地把它驱逐出去。在你的脑子里，只能保留那些与你的理想一致、对你理想的实现有帮助的思想，而要排斥一切敌对的思想，抛弃一切令人沮丧的情绪，包括那些有可能导致失败和不愉快的情绪。

　　你想做什么事，或者说，你想成为什么样的人，这倒没什么关系。重要的是，你要时时充满希望，保持乐观的态度。这样，你各种能力的增长，你全面素质的提高，会令你本人也大吃一惊。

　　有位医生素以医术高明享誉医学界，事业蒸蒸日上。但不幸的是，就在某一天，他被诊断患有癌症，这对他无疑是当头一棒。他一度情绪低落，但最终还是接受了这个事实，而且他的心态也为之一变，变得更宽容、更谦和、更懂得珍惜所拥有的一切。在勤奋工作之余，他从没有放弃与病魔搏斗。就这样，他已平安渡过了好几个年头。有人惊讶于他的事迹，就问是什么神奇的力量在支撑着他。这位医生笑盈盈地答道："是希望。"

　　一旦你形成了乐观、快活、充满希望的精神风貌，你就不会轻易陷入与之相反的颓靡状态。要是我们的后代获得了这种良好的素质，就会使人类的文明很快发生彻底的革命，使我们的生活水平极大地提高。

　　一个受到此种训练的心灵会时时保持一种良好的状态，它会最大限度地发挥自己的潜力，克服人生旅途中的种种不和谐、不友善，消除那些妨碍我们的安宁、舒适和成功的敌对因素。

　　你的前途无限光明，你会变得富有和幸福，你会拥有一个温馨舒适的家，你会事业有成，正是这些对未来的憧憬和向往，构成了你生活中的最大资本。

　　把自己所要达到的目标大胆地表达出来，即使这种目标表面上看来希望渺茫，甚至完全遥不可及。如果我们常常把自己的理想表达出来，我们所期盼的结果往往会变成现实。我们想获得的东西——不管是强壮的身体、高尚的品德，还是上等的职业，如果我们尽可能地使之具体化，并全力以赴地为之奋斗，那么，这种目标实现的可能性要比我们消极无力时大得多。

布莱恩·布洛辛拥有过他想要的一切：美式足球的球员合约、漂亮的妻子珍和即将诞生的儿子班。布莱恩回想以往，说："突然有一天，我的美好世界开始支离破碎。球队排挤我，我失业了，没有能力找一份好工作。更糟的是，我的儿子生来没有双脚、少了一只手，医生遗憾地告诉我们，他得了罕见的疾病，全加拿大仅有3桩病例。几年前，我的妻子驾车失控，迎面撞上一辆时速104.6千米的货柜车，我就坐在她旁边，亲眼看见她离开人世。被送到加护病房后，医生发现我的脖子断裂，所幸仍能走路。"

假如你觉得相信未来是困难的，记住布莱恩的故事，他像浴火凤凰般从梦想的残骸里劫后余生。他说："那实在是一段艰苦的岁月，如果没有朋友的支持，我早已陷入绝望的无底深渊了。"

他没有绝望。我们问他是如何走过那段黯淡的岁月的，他说："我对美式足球很在行，我可以阻球、抱球、运球，但我对自由创业一无所知，所以我渴望获得知识。我每个星期读一本书，每天听一卷录音带。发现良师益友和心中理想的人物时，我并不害怕问他们问题，我接受各方的指导，而且我一直相信自己。"

如今布莱恩有成功的事业、美丽的新妻子黛卓和快乐的家庭。15岁的儿子班克服了残障，成为一个杰出的学生和出色的作家。

是什么因素使布莱恩相信他自己呢？那是个秘密，但这是通往未来的关键。假如你相信自己，你将会成功；假如你不相信自己，不妨听从布莱恩的建议，阅读他人战胜困难的故事，找寻一群积极的、相信你的人。相信你自己，就像布莱恩一样，你会从悲剧中走出来，实现新梦想。

坚韧战胜一切

在西班牙，斗牛之前，小公牛要在斗牛场里接受考验。每一头被带进场的牛，得攻击一名用长矛刺它的骑马斗牛士。每一头牛的勇敢程度，就按照它不顾刺伤、勇往直前地冲锋的次数，定出高低。我们也要承认，生命每天都在接受类似的考验。如果坚韧不拔、不断尝试、继续向前，就会成功致富。

我们并不是在失败中来到这个世界上的，血管里也没有失败的血液在流动。我们不是一只等待牧人来戳刺的绵羊，而是一头猛狮，不能和绵羊在一起谈话、在一起走路、在一起睡觉。我们不想听哭泣者的哭泣，抱怨者的抱怨。因为，那些都是有传染性的疾病。让他们加入羊群吧！失败的屠宰场不是命运的归宿，致富的康庄大道才是我们的前途。

生命的评价是在每一次旅程的终点，而不在起点的附近，但我们不知道要走多少步才能达到致富的目标。虽然可能在第1000步的地方遭遇失败，但成功就隐藏在失败的后面。我们不知道它有多远，除非我们迈过它。如果一步没有用，我们就再迈一步。实际上，一次一步不会太困难。坚持到最后者必能成功，不懈努力者才能创富。

坚韧是解决一切困难的钥匙。试问诸事百业，有哪一种能不经坚韧的努力而获成功呢？有无数因坚韧而成功的事实。坚韧可以使柔弱的女子养活她们的全家；使穷苦的孩子，努力奋斗，最终找到生活的出路；使一些残疾人，也能够靠着自己的辛劳，养活他们年老体弱的父母。除此之外，如山洞的开凿、桥梁的建筑、铁道的铺设，没有哪一样不是靠人的坚韧而成功的。在世界上，没有别的东西可以替代坚韧。教育不能替代，父辈的遗产和有势者的垂青也不能替代。而命运则更不能替代。

秉性坚韧，是成大事立大业者的特征。这些人获得巨大的事业成就，也许没有其他卓越品质的辅助，但肯定少不了坚韧的特性。从事苦力者不厌恶劳动，终日劳碌者不觉疲倦，生活困难者不感到志气沮丧，都是由于这些人具有坚韧的品质。

依靠坚韧为资本而终获成功的年轻人，比以金钱为资本而获得成功的人要多得多。人类历史上所有成功者的事例都足以说明：坚韧是克服贫穷的最好药方。已过世的克雷夫人说过："美国人成功的秘诀，就是不怕失败。他们在事业上竭尽全力，毫不顾忌失败，即使失败也会卷土重来，并立下比以前更坚韧的决心，努力奋斗直至成功。"

有这样一种人，他们不论做什么都全力以赴，总是有着明确而必须达到的目标，在每次失败时，他们能够站起来，然后下更大的决心向前迈进。他们从不知道屈服，从不知道什么是"最后的失败"，在他们的词汇里面，也找不到"不能"和"不可能"，任何困难、阻碍都不足以使他们跌倒，任何灾祸、不幸都不足以使他们灰心。

坚韧勇敢，是伟大人物的特征。没有坚韧勇敢品质的人，不敢抓住机会，不敢冒险，一遇困难，便会自动退缩，一获小小成就，便感到满足。历史上许多伟大的成功者，都是由于坚韧而取得成功的。发明家在埋头研究的时候，是何等艰苦，一旦成功，又是何等愉快。世界上一切伟大事业，都在坚韧勇敢者的掌握之中，当别人放弃时，他们却仍然坚定地去做。真正有着坚强毅力的人，做事时总是埋头苦干，直到成功。

有许多人做事有始无终，在开始做事时充满热忱，但因缺乏坚韧与毅力，不等做完便半途而废。任何事情往往都是开头容易而完成难。所以要估计一个人才能的高下，不能看他所做事情的多少，而要看他最终的成绩如何。例如，在赛跑中，裁判并不计算选手在跑道上出发时怎样快，而是计算跑到终点的时间。

要考察一个人做事成功与否，要看他有无恒心，能否善始善终。持之以恒是人人应有的美德，也是完成工作的要素。一些人和别人合作完成一件事时，起先是共同努力，可是到了中途便感到困难，于是多数人就停止合作了，只有少数人，还在勉强维护。可是这少数人如果没有坚强的毅力，工作中再遇到阻力与障碍，势必也随着那放弃的大多数人，同归失败。

有人在向其从商的朋友推荐店员时，举出了某人的许多优点，那位商人问道："他能保持这些优点吗？"这实在是最关键的问题。首先是，有没有优点？然后是，有了优点能否保持？遇到失败，能否坚持不懈？所以，具有坚韧勇毅的精神是最宝贵的，具有这种精神才能克服一切艰苦困难，获得成功。

永不放弃，就能反败为胜

研究动物世界的人们都知道，某些动物的身上有着让人尊重的精神力量，它们不屈不挠地按照自己的意志生活，不甘心接受命运的摆布，它们永不言败，哪怕为理念而丧命。这种精神常常使它们反败为胜。

消沉、萎靡、颓废等可怕的精神敌人不会使它们绝望，也无法摧毁它们的力量。它们的信念永远都是那么的坚定，它们不会甘心等待，不到死亡的时刻，它们绝不会承认自己已经失败。

有一只误踩到猎人布下的铁圈的小狐狸，铁圈的齿轮已经紧紧卡住了小狐狸的右后腿。它蹦来跳去，挣得铁圈响个不停，它不断冲扑撕咬，就像一个被堵住出气孔的高温锅炉，随时可能爆炸。可是怎么也咬不动铁圈。它开始发狂发怒，边跑边扑边咬，有时一个急停，接着又是一个猛扑，撕咬，拉扯，决意要甩脱这个缚住它的家伙。

牙齿怎么能和铁器匹敌呢？不断的挣扎只能使齿轮越来越紧，已经可以看见胫骨了。小狐狸又猛咬了一通，最后它停了下来，站在那里大口喘气，身体晃了两下，噗地趴倒在地。不，它没有放弃。它的字典中根本没有"放弃"这两个字眼。即使母狐狸丧子、公狐狸受伤、断腿断爪，那暂时的痛苦也绝不会消磨它们的斗志。过了一会儿，它缓过劲来，不顾四爪的疼痛，顽强地站起来，四条腿疼得不停地发抖，口中滴着血，却又梗起脖子，开始了跟铁圈的战斗。

狐狸是最有耐心的，同时也是聪明的，它开始飞快地转动脑筋，琢磨眼前的事物，刚才的方法不行，它要另外寻找求生的途径。它冷静下来，不再急躁，而是轻轻咬住铁圈，小心翼翼地用爪子拨拉着。就在这时候，它咬到了一个柔软的东西——铁圈的橡皮活扣！它全身的血液都沸腾了，就像被点着火的汽油一样。它用尖牙磨耗着橡皮扣，没过多久，橡皮就被它咬烂了，再用力一扯，齿轮松了开来，它自由了！

没有一只狐狸会像狗一样甘心被人牵着走。拒绝认命，拒绝服输，是狐狸的生存准则，哪怕是在生命受到威胁的情况下，也不会违背这条准则。

狐狸有着勇往直前的精神、百折不挠的勇气，在猎食的路上有着无数的坎坷与挫折，狐狸从不因为这些坎坷与挫折而对自己产生怀疑。

柏拉图曾经说过："成功的唯一秘诀，就是要坚持到最后一分钟。"就如同长途赛跑，最费力的不是你开始迈出的第一步，而是你最后迈向终点的那一步。而最后的那一步的迈出就代表一种毅力，它同时也是恒心的一种体现。一个没有毅力的人，是不能成大器的。

大凡有成就的人，无一不是具有坚强意志与毅力的人。多数做出贡献的人，都是执着一念的人。

开普勒研究苯环的结构形状，久久不能得出结果，后来，他在梦中得到了答案。他执着地探究，竟能在梦中也念念不忘自己的任务。众所周知的居里夫人，从几百吨的矿石中提炼出几克铀来，没有超常的毅力，怎么能做得到呢？马克思写《资本论》，40年如一日，以至在大英博物馆里，他曾经坐过的座位下，留下两个深深的脚印。如果没有超常的毅力，谁又能够做到这等地步呢？

目标确定了，事业的成功，关键就在于你是否具有超常的毅力，是否在困难面前能够比别人多坚持一下。只有时时刻刻想到自己的目的，时时刻刻践行自己的理念，久而久之，你才可能超越自我。

世界上最伟大的科学家之一爱因斯坦，在物理学上为人类做出无与伦比的巨大贡献的同时，还为我们留下了重要的启迪。

爱因斯坦在成年之前，曾被一串串难听的绰号穷追不舍，人们都认为他愚钝不堪。然而当他发现了相对论，成为世界伟人时，人们又将他的成功归结于他有一颗绝顶聪明的头脑，以至于在他死后，人们不惜将他"身首异处"，把他的头脑留在世间保护起来进行各种研究。时光流逝，谁也没能研究出结果。倒是爱因斯坦自己早就根据自己的成功经验说出了成功的真谛："钢铁般的意志比智慧和博学更重要。"爱因斯坦所说的成功真谛不仅是他自身经验的总结，而且已经得到了科学研究的充分证明。

弱者与强者之间、大人物与小人物之间，最大的差异就在于意志的力量，即有没有在成功到来以前再坚持一下的决心。一个目标一旦确立，那么，不在坚持中死亡，就在坚持中成功。具备了这种品质，你就能做成在这个世界上可以做的任何事情。否则，不管你具有怎样的才华，不管你身处怎样的环境，不管你拥有怎样的机遇，你都不能成为一个真正成功的人。

　　有没有超常的毅力是决定人生成败的分水岭。成功的人都有坚定的毅力、矢志不移的魄力，当他们设定某个目标时，一定会贯彻始终，不达目的绝不轻言放弃。这种毅力来自他们永远比别人多坚持的那么一点点，他们的人生格言就是："为了实现理想，绝不放弃！"

　　的确，每一个人在人生旅途上，都有倒霉的时候，都有遇到挫折和打击的时候。这时，似乎诸事不顺，做什么都不对，好像全世界都合起来和你作对……但这也正是你发挥意志力迎接打击，强迫自己往前冲的时候。

　　很多成功者都有过失去机会、丢掉饭碗甚至被爱侣抛弃的时候，但正是因为有过这么多曲折，他们的毅力与意志才会像钢铁般坚强。他们咬着牙活下来，靠着一种顽强的意志支撑着自己走过人生最难过的关隘，最终攀到了人生的高峰。

　　杰西卡·萨维奇是美国著名的电视新闻主持人，因表现出色而被誉为"全国广播公司的黄金女郎"。

　　当年，她在广播公司是从地位很低的杂工做起的。当时，在办公室里，别人想喝咖啡或是需要什么东西，都由她去取。她要走上通向全国知名人士的道路，必须设法渡过许许多多的难关。

　　她在面对新的挑战时是这样想的："如果必须去做艰难的事，我就冲上前去，因为我不能够后退。我别无选择，唯有继续努力。退缩，是无路可走的。既然选择这一行，就要干得像个样子。如果我倒下去，没有人会拉我，我不能回到家里对家人说'照顾照顾我吧'，也不能对丈夫说'帮帮我的忙吧'！所以必须坚持下去。"

　　杰西卡的经历告诉我们，不要给自己留下一条退路，除了成功之外，别无选择。人生不如意的事十有八九，谁都难免有跌落人生谷底的时候，一次失败，不代表一生会满盘皆输。遭遇失败就想放弃是最简单又愚蠢的做法。如果你放弃了，成功就会永远与你失之交臂，没有挑战的人生是毫无乐趣可言的。

每当遇到失败的时候，千万不可一蹶不振，而是应该以更为坚强的毅力重返"战场"。有一句名言说："如果没有你可以倒下的地方，你就不会摔跟头。"仔细研究你就会发现，绝大多数有成就的人在生活中都是这样的——不肯后退。

人生中，什么都可以失去，但坚强的毅力绝不可以丢弃。一旦失去了毅力，一个人就真的一无所有、一事无成了。

在人生的道路上，存在着各种风险与挑战，同时又隐藏着各种机遇。我们每个人都不可避免地在人生道路上艰难地跋涉，有失败，也有成功。人生的胜利不在于一时的得失，而在于谁能坚持到最后，谁是最后的胜利者。没有走到生命的尽头，我们谁也无法说我们到底是成功了还是失败了。所以，在生命的任何阶段，我们都不能泄气，都要充满希望。用美国股票大王贺希哈的话说："不要问我能赢多少，而是问我能输得起多少。"只有输得起的人，才能赢得最后的胜利，也只有能坚持到最后的人，才能最终获得成功。

用微笑迎接挫折

困难和挫折是人生中不可避免的。有的人成功了，则是因为他们能够坚强地面对，而有的人失败了，是因为他们面对困难一蹶不振，失去了继续拼搏的勇气。伟大的发明家爱迪生说过，厄运对乐观的人无可奈何，面对厄运和打击，乐观的人总会用笑脸迎接挫折。

泰戈尔说："不要让我祈求免遭危难，而是让我能大胆地面对它们。"

琼妮小姐是新西兰一位建筑商的女儿，移居美国后，曾在休斯敦一家电视台工作，1920年起任摄影记者。1922年6月，她被派往萨拉热窝进行战地采访。在那里，曾有多名记者丧生。

　　琼妮在萨拉热窝逗留6个星期后，已经习惯周围的流弹，一天清早，一颗子弹击穿车玻璃，正好击中她的脸部，几乎掀掉了她的半边脸，她的颧骨被打得粉碎，牙齿没有了，舌头被打断。送到诊所时，大夫们直摇头，认为她不行了。

　　经过20多次手术后，她又奇迹般地回到了工作岗位。这时的她，下颌仍无感觉，脸部还留着弹片，体重减轻了8公斤。令大家吃惊的是，她要求重返萨拉热窝。

　　她幽默地说："说不定我还能在那里找回我的牙齿。"她甚至想认识一下当初袭击她的枪手。有人问她，见到那个枪手后怎么办。她说："我会请他喝一杯，问他几个问题，比方说当时距离有多远。"

　　琼妮面对厄运的乐观态度证明她是一个具有坚韧毅力的女孩，正是这种乐观的性格，使她能够迅速摆脱挫折的阴影，积极地投入新的工作中。

　　威廉·詹姆斯说："完全接受已经发生的事，这是克服不幸的第一步。"快乐是什么？快乐是血、泪、汗浸泡的人生土壤里怒放的生命之花，正如惠特曼所说："只有受过寒冷的人才感觉得到阳光的温暖，也只有在人生战场上受过挫败、痛苦的人才知道生命的珍贵，才可以感受到生活之中的真正快乐。"

　　逆境是人生中不可避免的事件。既然逆境是不能避免的，那就让我们从逆境中找到动力吧，让逆境成为推动我们走向成功的动力。我们应该将逆境视为成功的预兆。

　　困难与挫折其实是上天故意安排来考验我们的，其实，它就是成功的化身。成功与失败把握在我们自己手中。因此，面对困难和挫折，你要抬起头来，笑对它。

要想在挫折面前微笑起来，就必须注重抗挫能力的培养。

（1）正确对待挫折。当你面对挫折的时候，不要回避，不要气馁，要冷静地分析失败的原因，总结经验教训，并以乐观主义精神，"用笑脸来迎接悲惨的厄运，用百倍的勇气来应对一切的不幸"。在挫折中磨炼意志，继续奋斗。

（2）提高承受能力。有位叫布朗的心理学者说得好，一个人如果想没有任何阻碍，永远保持其满足水平和平庸状态，悠然自得，那是既愚蠢又颠顿的。为了提高承受挫折的能力，一方面对工作、学习和生活中可能遇到的困难和失败应有充分的心理准备，以防止或减轻一旦受到挫折时的沉重打击。另一方面，若能学些诙谐、幽默的谈吐，培养开朗、豪放的性格，养成乐观、深沉的处世态度，也将有助于提高对抗挫折的能力。

（3）调整抱负水平。个人的抱负应符合主、客观的具体条件，实事求是，从实际出发而定。力避志大才疏，想入非非。要懂得人的抱负应该随时随地做适当调整，否则，极易产生受挫感。

（4）寻找补偿途径。积极的补偿途径大致有两条。一条是"失之东隅，收之桑榆"。当你在某一方面受到挫折时，可在另一方面谋求成功，从中获得心理上的快慰。例如：情场失意者可埋头攻读，以求事业有成；数理化思维能力差的学生可竭力在文学、体育等方面一显才能。再一条是发愤图强，矢志不移。在受到挫折的时候，把眼光放远一点，想得开一点，以顽强的毅力和百折不挠的精神转败为胜、转弱为强。从逆境中找有利条件。

保持超常的勇气

勇气是你必须有的，只有时刻保持一种超常的勇气，你才有可能扭转不利局面。

勇气使人奋发，绝不允许人在困难面前畏缩、退却。在激动、兴奋的时刻，勇气让你形成了自己的决心；在沉着、冷静的时刻，勇气则更加坚定了你的决心。不屈不挠的顽强毅力，如果用在刀刃上，即使是那些极其卑微的人，也将获得丰厚的报酬。

很多时候，成功只需要伸出一只手的勇气。

有一个国王，他想委任一名官员担任一项重要的职务，就召集了许多孔武有力和聪明过人的官员，想试试他们之中谁能胜任。

"聪明的人们，"国王说，"我有个问题，我想看看你们谁能在这种情况下解决它。"国王领着这些人来到一座大门——一座谁也没见过的最大的门前，说："你们看到的这座门是我国最大最重的门。你们之中有谁能把它打开？"许多大臣见了这门都摇了摇头，其他一些比较聪明一点的，也只是走近看了看，没敢去开这门。

当这些聪明人说打不开时，其他人也都随声附和。只有一位大臣，他走到大门处，用眼睛和手仔细检查了大门，用各种方法试着去打开它。最后，他抓住一条沉重的链子一拉，门竟然开了。其实大门并没有完全关死，而是留了一条窄缝，任何人只要仔细观察，再加上有胆量去开一下，都能把门打开的。国王说："你将要在朝廷中担任重要的职务，因为你不光限于你所见到的或所听到的，你还有勇气靠自己的力量冒险去试一试。"

"推销大王"史东就是一个有勇气推开大门的人。史东是美国联合保险公司的主要股东和董事长，同时，也是另外两家公司的大股东和总裁。然而，他能白手起家，创下如此巨大的事业，是经历了无数次磨难的结果，或者我们可以这样说，史东的发迹史也是他勇气作用的结果。

在史东还是个孩子时，就为了生计到处贩卖报纸。有家餐馆赶了他好多次，但是他却一再地溜进去，并且手里拿着更多的报纸。那里的客人为其勇气所动，纷纷劝说餐馆老板不要再把他踢出去，并且都解囊买他的报纸。

史东一而再、再而三地被踢出餐馆，屁股虽然被踢痛了，但他的口袋里却装满了钱。

史东常常陷入沉思："哪一点我做对了呢？""哪一点我又做错了呢？""下一次，我该这样做，或许不会挨踢。"这样，他用自己的亲身经历总结出了引导自己达到成功的座右铭："如果你做了，没有损失，而可能有大收获，那就放手去做。"

当史东16岁时，一个夏天，在母亲的指导下，他走进了一座办公大楼，开始了推销保险的生涯。当他因胆怯而发抖时，他就用自己总结出来的座右铭来鼓舞自己。

就这样，他抱着"若被踢出来，就试着再进去"的念头推开了第一间办公室。

他没有被踢出来，那天有2个人买了他的保险。从数量而言，他是个失败者。然而，这是个零的突破，他从此有了自信，不再害怕被拒绝，也不再因别人的拒绝而感到难堪。

第二天，史东卖出了4份保险。第三天，这一数字增加到了6份……

20岁时，史东设立了只有他一个人的保险经纪社。开业第一天，销售了 54 份保险单。有一天，他更创造出一个令人瞠目的纪录——122 份。以每天 8 小时计算，每 4 分钟就成交了一份。在不到 30 岁时，他已建立了巨大的史东经纪社，成为令人叹服的"推销大王"。

在人生路上追求成功，绝不能缺少勇气。只有有勇气去想去做，才有可能成功。如果连想和做的勇气都没有，成功怎能与你为伍呢？

伟大的美国总统林肯能够废除黑奴制度，发表《解放黑奴的宣言》，一段采访他的笔记上说："并不是我能够废除黑奴制度，皮尔斯和布坎南（注：上两届总统）都曾想过废除黑奴制度，可是他们都没拿起笔签署它。如果他们知道拿起笔需要的仅仅是一点勇气，我想他们一定非常懊丧。"

西方有句名言说："失败的人不一定懦弱，而懦弱的人却常常失败。"这是因为，懦弱的人害怕有压力的状态，因而他们害怕竞争。在对手或困难面前，他们往往不善于坚持，而选择回避或屈服。懦弱者并非忽视自尊，而是他们常常更愿意用屈辱换回安宁。

懦弱者常常害怕机遇，因为他们不习惯迎接挑战。他们从机遇中看到的是忧患，而在真正的忧患中，他们又看不到机遇。懦弱者不愿面对冲突，因而他们也害怕刀剑，进攻与防卫的武器在他们的手里捍卫不了自身。他们当不了凶猛的虎狼，只愿做柔顺的羔羊，而且往往是任人宰割的羔羊。懦弱总是会遭到嘲笑，而遭到嘲笑后，懦弱者会变得更加懦弱。懦弱者经常自怜自卑，宏图壮志是他们眼中的海市蜃楼，可望而不可即。懦弱通常是恐惧的游伴，懦弱带来恐惧，恐惧加强懦弱，它们都束缚了人的心灵和手脚。

面对困难，一定不能懦弱，无论何时，都要保持超常的勇气，才有可能扭转人生的牌局。

做一个坚强刚毅的人

在生活中的不幸面前，有没有坚强刚毅的性格，在某种意义上，也是区别伟人与庸人的标志之一。巴尔扎克说："苦难对一个天才而言是一块垫脚石，对能干的人而言是一笔财富，而对庸人而言却是一个万丈深渊。"

有的人在厄运和不幸面前，不屈服，不后退，不动摇，顽强地同命运抗争，因而在重重困难中冲开一条通向胜利的路，成了征服困难的英雄、掌握自己命运的主人。而有的人在生活的挫折和打击面前，垂头丧气，自暴自弃，丧失了继续前进的勇气和信心，于是成了庸人和懦夫。培根说："好的运气令人羡慕，而战胜厄运则更令人惊叹。"

罗吉尔·凡·奥赫讲过这样一个故事：

两只青蛙掉进了奶油桶。第一只看见四周黏乎乎白乎乎一片，只觉得浑身黏稠，无处下脚，接受了命运的安排，淹死了。第二只不喜欢这种结局，不停地乱蹬乱踢，无论如何也要让自己浮起来。很快，这种剧烈搅动产生了奇迹，奶油化成了固状的黄油，于是青蛙一下子就跳出来了。

这个故事的寓意在于：环境状态与人的奋争状态往往有着微妙的内在联系，有时是可以随着人的奋争状态的优劣而发生改变的。也就是说，原本貌似无望的环境，也可能由于人们锲而不舍、有韧性的生存执着态度，转化为有利的环境因素。

谁能以不屈的精神对待生活中的不幸，谁就能最终克服不幸。在不幸事件面前愈是坚强，就愈能减轻不幸事件的打击。贝多芬以他那孤独痛苦然而又热烈追求的一生，给世界留下一句名言："用痛苦换来欢乐。"它曾经鼓舞无数人奋起和自己的不幸进行斗争。

一个人能在任何情况下都勇敢地面对人生，无论遭遇到什么，依然保持生活的勇气，保持不屈的奋斗精神，他就是生活中的强者，一个真正刚强的人。相反，有些人在失恋、失学、疾病，或工作中的挫折、失败，或其他生活中的不幸事件的打击面前，一蹶不振、精神崩溃，弄到十分可怜的地步，原因之一就在于缺乏坚强刚毅的性格。

美国的四星上将弗兰克斯，在他当少校时，因手榴弹片戳进了他的左腿，只得做了截肢手术。但他以惊人的毅力重返沙场，经历了一次次穿越恶劣地形的野战训练。这位一条腿的四星上将谈到成功的体会时说："失去一条腿使我认识到：限制因素的大小，取决于你的态度。""关键是要全力集中于你所拥有的，而不是你所没有的。"

没有一个人生而刚毅，也没有一个人不能培养出刚毅的性格。

我们不要神化强者，以为自己成不了那种钢铁般坚强的人。其实，普通人所有的犹豫、顾虑、担忧、动摇、失望等，在一个强者的内心世界也都可能出现。伽利略屈服过，哥白尼动摇过，奥斯特洛夫斯基想到过自杀，但这并不妨碍他们成为坚强刚毅的人。

刚毅的性格和懦弱的性格之间并没有千里鸿沟，刚毅的人不是没有软弱，只是他们能够战胜自己的软弱。只要加强锻炼，从多方面与软弱进行斗争，那就可能成为坚强刚毅的人。

毅力是一种心理状态，因此它是可以培养的。正如其他的心理状态一样，毅力乃基于明确的缘由而来。

（1）目标的明确性。知道自己要什么，是培养毅力最初、可能也是最重要的步骤。强烈的动机驱使人超越重重困难。

（2）欲望。一旦我们矢志去追求自己有强烈欲望的目标，毅力就比

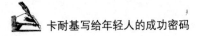

较容易获得和保持。

（3）自信。相信自己有实现计划的能力，可激励一个人充满毅力地贯彻计划。

（4）计划之明确可行性。条理分明的计划能激发毅力。

（5）正确的知识。基于经验或观察，知道自己的计划的确可行，也能激发毅力。以"猜测"取代"真正认知"则会摧毁毅力。

（6）合作。取得同情、体谅以及与他人协调合作，易于培养毅力。

（7）意志力。将自己的意念专注于构筑达成目标所需的计划可激发毅力。

（8）习惯。毅力是习惯直接的结果。心灵会吸收日常经验且由经验锻炼出的毅力会成为心灵的一部分。恐惧（人类最糟糕的一个敌人）能借助"强迫式的重复勇气行为"被治愈。每一个在战场上出生入死、身经百战的人，都了解这一点。

信心不死，梦想不灭

每个人在身处逆境时，总是有着超出自己想象的忍受力，而只有从逆境中走出来的人才比别人更深刻地感受到成功的芬芳。

阿兰·米穆是一位历经艰辛从社会最底层拼搏出来的法国当代著名长跑运动员、法国1万米长跑纪录创造者、第十四届伦敦奥运会1万米赛跑亚军、第十五届赫尔辛基奥运会5000米亚军、第十六届墨尔本奥运会马拉松赛冠军，后来在法国国家体育学院执教。

米穆出生在一个相当贫寒的家庭。从孩提时代起，他就非常喜欢运动。可是，家里很穷，他甚至连饭都吃不饱。这对任何一个喜欢运动的人来讲都是颇为难堪的。例如踢足球时，米穆就是光着脚踢的。他没有鞋子。他母亲好不容易替他买了双草底帆布鞋，为的是让他去学校念书时穿。如果米穆的父亲看见他穿着这双鞋子踢足球，就会狠狠地揍他一顿，因为父亲不想让他把鞋子穿破。

11岁半时，米穆已经有了小学毕业文凭，而且评语很好。他母亲对他说："你终于有文凭了，这太好了！"可怜的母亲去为他申请助学金。但是，遭到了拒绝！

这是多么不公正啊！他们不给米穆助学金，却把助学金给了比他富有很多的殖民者的孩子们。鉴于这种不公道，米穆心里想："我是不属于这个国家的，我要走。"可去哪里呢？米穆知道，自己的祖国就是法国。他热爱法国，他想了解它。但怎么去了解呢？毕竟他太穷了。

没有钱念书，于是米穆就当了咖啡馆里的跑堂。他每天要一直工作到深夜，但还是坚持锻炼长跑。为了能进行锻炼，每天早上5点钟就得起来，累得他脚跟都发炎脓肿了。总之，为了有碗饭吃，米穆是没有多少工夫去训练的。但是，他还是咬紧牙关报名参加了法国田径冠军赛。米穆仅仅进行了一个半月的训练。他先是参加了1万米冠军赛，可是只得了第三名。第二天，他决定再参加5000米比赛。幸运的是，他得了第二名。就这样，米穆被选中并被带进了伦敦奥林匹克运动会。

对米穆来说，这简直是不可思议的事情！他在当时甚至还不知道什么是奥林匹克运动会，也从来想象不到奥运会是如此宏伟壮观。全世界好像都浓缩在那里了。不过，在这个时刻，最重要的是，他知道自己是代表法国。他为此感到高兴。

但是，有些事情让米穆感到不快。那就是，他并没有被人认为是一名法国选手，没有一个人看得起他。比赛前几小时，米穆想请人替自己按摩一下。于是他便很不好意思地去敲了敲法国队按摩医生的房门。

得到允许以后，他就进去了，按摩医生转身对他说："有什么事吗，我的小伙计？"

米穆说："先生，我要跑1万米，您是否可以助我一臂之力？"

医生一边继续为一个躺在床上的运动员按摩，一边对他说："请原谅，我的小伙计，我是派来为冠军们服务的。"

米穆知道，医生拒绝替自己按摩，无非就是因为自己不过是咖啡馆里一名小跑堂罢了。

那天下午，米穆参加了对他来讲有历史意义的1万米决赛。他当时仅仅希望能取得一个好名次，因为伦敦那天的天气异常干热，很像暴风雨的前夕。比赛开始了。米穆并不模仿任何人。同伴们一个接一个地落在他的后面。他成了第四名，随后是第三名。很快，他发现，只有捷克著名的长跑运动员扎托倍克一个人跑在他前面进行冲刺。米穆终于得了第二名。

米穆就是这样为法国和为自己争夺到了第一枚世界银牌的。然而，最使米穆感到难受的，还是当时法国的体育报刊和新闻记者。他们在第二天早上便边打听边嚷嚷："那个跑了第二名的家伙是谁呀？啊，准是一个北非人。天气热，他就是因为天热而得到第二名的！"瞧瞧，多令人辛酸！

米穆感到欣慰的是，在伦敦奥运会4年以后，他又被选中代表法国去赫尔辛基参加第十五届奥运会了。在那里，他打破了1万米法国纪录，并在被称为"20世纪5000米决赛"的比赛中，再一次为法国赢得了一枚银牌。

随后，在墨尔本奥运会上，米穆参加了马拉松长跑比赛。他用了1分40秒跑完了最后400米。终于成了奥运会冠军！他不用再去咖啡馆当跑堂了。可是，米穆却说："我喜欢咖啡，喜欢那种香醇，也喜欢那种苦涩……"

咖啡总是苦涩与香醇并存，人生也是痛并快乐着，在米穆从咖啡馆跑堂跑到奥运会冠军的这条路上，布满了障碍，几乎没有一种境遇是有利的，但是这并没有阻碍他的发展，逆境给了他锻炼意志、提高能力的机会，他最终喜欢上了咖啡的苦涩，从这苦涩中他获得了进身之阶。

　　人生没有一帆风顺的，人总要经历这样或那样的挫折。泰戈尔曾说："不要让我祈求免遭危难，而是让我能大胆地面对它们。"因为有了苦味，咖啡才香醇；因为有了不幸的阻力，我们才更能飞奔向前。困苦永远是坚强之母，它所蕴藏的力量能让你永远跑在最前面，只要你不被它击倒。只要不失去信心，梦想就不会破灭，希望就能重燃。

第十六章

勇担责任，尝试为世界添点色彩

绝不逃避，勇敢担责

蜜蜂的天职是采花造蜜，猫的天职是抓捕老鼠，蜘蛛的天职是张网捕虫，而狗的天职就是忠诚地服务主人。人，作为万物的灵长、天地的精英，同样具有与生俱来的责任。人来到世上，并不是为了享受，而是为了完成自己的使命。

每一个人从出生那一天起，就拥有了作为社会和国家的一员应当拥有的权利，这不需要什么前提条件。但同时，我们不能忽视的是，权利因为责任而存在，在上天赋予我们权利的同时，也赋予了我们相应的责任，这也是不需要什么前提条件的。只有在履行责任的前提下，才能充分享受权利。承担责任是人的天职。

一对年轻的父母带着他们可爱的孩子去游玩，风景很美丽，他们也非常开心，一切都是美好的。然而他们不知道，灾难正在一步一步逼近。

为了欣赏更美好的风光，他们一家一起坐上观光的高空缆车。正当他们为美不胜收的美景而陶醉的时候，忽然缆车从高空坠落。灾难突然降临，大家认为没有人会生还，因为缆车离地面的距离太高了。然而，营救人员却带来唯一幸存者，一个两三岁的小孩。

一位营救人员说，缆车坠落时，是他的父母将他托起，他的父母用自己的身躯阻挡了缆车坠落时致命的撞击，孩子因此得救了。

所有在场的人无不为之肃然，他们不只是感动而且深受震撼。这就是父母，在生命的最后一刻，仍旧没忘记保护孩子的责任，在危难的瞬间，用自己的双臂托起了孩子的生命。

这就是责任，这是对责任的最好阐释。因此，责任也是一种使命，是人生最根本的义务。责任能让一个人充满信念地生活，能让家庭充满爱，能让社会平安、稳健地发展。守住责任，就守住了生命最高的价值，守住了人性的伟大和光辉。

责任是人生最根本的义务和使命，是我们实现个人价值和人生理想的前提。效仿伟人践行责任的精神，把使命感和责任心融入日常的工作和生活中，你的事业和人生必将因此而变得更加辉煌和壮阔。责任意味着不仅仅要承担应尽的义务，同时还要对自己行为引发的后果负责。

1920年的一天，美国一位12岁的小男孩正与他的伙伴们玩足球，一不小心，小男孩将足球踢到了邻近一户人家的窗户上，一块窗玻璃被击碎了。邻居向他索赔12.5美元，这在当时并不是一个小数目。

回到家，闯了祸的小男孩怯生生地将事情的经过告诉了父亲。过了很长时间，父亲才冷冰冰地说道："家里虽然有钱，但是你闯的祸，就应该由你自己对过失行为负责。"停了一下，父亲还是掏出了钱，严肃地对小男孩说："这些钱我暂时借给你，不过，你必须想法还给我。"小男孩从父亲手中接过钱，飞快跑过去赔给了邻居。

从此，小男孩一边刻苦读书，一边用空闲时间打工挣钱还父亲。由于他人小，不能干重活，他就到餐馆帮别人洗盘子刷碗，有时还捡捡废品。经过几个月的努力，他终于挣到了 12.5 美元，并自豪地交给了他的父亲。父亲欣然地拍着他的肩膀说："一个能为自己的过失行为负责的人，将来一定会有出息的。"

许多年以后，这位男孩成为美利坚合众国的总统，他就是里根。后来，里根在回忆往事时，深有感触地说："那一次闯祸之后，我懂得了做人的责任。"

无论做人还是做事，都要承担责任，责任是上天赋予的使命。责任无法逃避，我们只有勇敢地承担责任。用一颗虔诚的心来履行自己的责任，你会发现人生的多姿多彩。

弗洛伦斯·南丁格尔是英国护理学先驱、妇女护士职业创始人和现代护理教育的奠基人，被誉为"护理学之母"。

在 1854—1856 年的克里米亚战争中，她带着护士小分队来到战场上为双方伤员服务。战争非常惨烈，常常是几个小时之间，就运来了成百上千的伤员。南丁格尔需要在这个痛苦嘈杂的环境中把事情安排得井井有条，有时她需要连续站立 20 多个小时。

"我曾经和她一起做过很多非常重大的手术，她可以在做事的过程中把事情做到非常准确的程度……"一位和她一起工作过的外科医生说，"特别是救护一个垂死的重伤员，我们常常可以看见她穿着制服出现在那个伤员面前，俯下身子凝视着他，用尽她全部的力量，使用各种方法来减轻他的疼痛。"

一个伤员说："她和一个又一个的伤员说话，向更多的伤员点头微笑，我们每个人都可以看到她落在地面上的那亲切的影子，然后满意地将自己的脑袋放回到枕头上安睡。"另外一个士兵说："在她到来之前，那里总是乱糟糟的，但在她来过之后，那儿圣洁得如同一座教堂。"

正是在对她所热爱的护理工作的强烈责任感的驱使下，在短短 3 个月的时间内，南丁格尔使伤员的死亡率从 42% 迅速下降到 2%，创造了当时的奇迹。

南丁格尔不推卸自己分内的责任，以虔诚的态度去完成自己的工作使命，责任感使她成为人们所敬仰的光辉女性。南丁格尔的故事告诉我们，一个人来到世上并不是为了享受，而是必须完成自己的使命——承担责任。

承担责任其实就是做好社会赋予你的任何有意义的事情。从人生大义上来讲，责任是我们完善和成就自己的一双翅膀。我们不能逃避责任，逃避责任就意味着我们失去了实现自己价值的机会。一个人只有具备了勇于负责的精神，才会产生改变一切的力量。

负起责任是成功的保障

负责是成功的关键。一个不负责的人永远不可能获得成功，他如同一个莽汉，对自己的行为不加约束、不加重视，做事既没有严谨负责的精神和态度，也没有清晰的规划，最终只能接受失败的下场。相反，一个有强烈责任感的人，就像一个有计划的工程师，时时刻刻让事情朝着自己想要的方向发展，从而取得成功。

克里·乔尼是一位火车后车厢的刹车员，他因为聪明、和善、常常面带微笑而受到乘客们的欢迎。

一天晚上，一场暴风雪不期而至，火车晚点了。克里抱怨着，这场暴风雨不得不使他在寒冷的冬夜里加班。就在他考虑用什么样的办法才能逃掉夜间的加班时，另一个车厢里的列车长和工程师对这场暴风雪警惕了起来。

这时，两个车站间，有一列火车发动机的汽缸盖被风吹掉了，不得不临时停车。而另外一辆快速车又不得不拐道，几分钟后就要从这一条铁轨上驶过。列车长赶紧跑过来命令他拿着红灯到后面去。克里心里想，后车厢还有一名工程师和助理刹车员在那儿守着，便笑着对列车长说："不用那么急，后面有人在守着，等我拿上外套就去。"列车长一脸严肃地说："一分钟也不能等，那列火车马上就要来了。"

"好的！"克里微笑着说，列车长给他安排了任务后又匆匆忙忙向前面的发动机房跑去了。但是，克里没有立刻就走，他认为后车厢里还有一位工程师和一名助理刹车员在那替他扛着这件工作，自己又何必冒着严寒和危险，那么快跑到后车厢去。他停下来喝了几口酒，驱了驱寒气，这才吹着口哨，慢悠悠地向后车厢走去。

他刚走到离车厢10多米的地方，发现工程师和那位助理刹车员根本不在里面，他们已经被列车长调到前面的车厢去处理另一个问题了。他加快速度向前跑去，但是，一切都晚了，在这可怕的时刻，那辆快速列车的车头，撞到了自己所在的这列火车上，受伤乘客的嘶喊声与蒸汽泄漏的嗞嗞声混杂在了一起。

后来，当人们去找克里时，在一个谷仓中发现了他。此时，他已经疯了，在臆想中叫喊着："啊，我本应该……"

他被送回了家，随后又被关进了精神病院。

责任承载着个人的基准和道德的操守，落实就是对责任的坚守。

责任到此，不能再推。对责任的推卸，只能是对自己的一种伤害。坚守责任，则是守住生命中最高的价值，守住人性的伟大和光辉。

责任是当我们认为世界和人生欠我们多少的时候，也感觉到我们欠世界和人生的究竟是多少。而对别人的责任，是当你用手按住自己的伤口时，不为自己的生死所限制，在为受伤的别人分担着所有的痛苦。

权利是国家让每个公民都应该享有的。而公民对国家又负有什么责任呢？不能忘记责任这两个字。对他人不负责任，就是对自己不负责任。人是家庭的一分子，也是社会的一分子。人如果在这两个方面都尽到了责任，那么当死神突然降临时，也就问心无愧而少有遗憾了。

责任不会理睬厄运的压力。就算喝下了许多苦水，它也不会杂乱无章。责任的格言是："如果某一件事的原状是如此，那就是如此，不容变更。"

生活让人感到美好。创造这种美好生活的就是那有责任感的一类人。他们由于对生活的热爱，对人类、对大自然、对一切美好事物的爱，才认识到了自己，努力地向社会做出贡献，以尽到自己的责任。

不推诿塞责，是承担责任最本质的要求，也是最能展示一个人职业素养的细节。在一个单位里工作，面对老板或上司追究责任，是一件非常尴尬的事情。但无论多么没面子，只要是自己的责任，哪怕只是一点点错失，都应该去承认，千万别去辩解，别去找客观原因。

即使其中包括他人的责任，只要这种责任不是非常严重的，也没有必要去计较，有点被冤枉被误解也没关系，时间久了，大家就会看出你是一个什么样的人。

一个人要想在事业上有更好的表现，在生活上有更舒适的改善，那这个人一定要在工作中和生活上对自己的行为负起责任。在工作上要尽心尽责完成上级交给的任务。人一旦树立了这样的思想意识，就会发现以前认为困难的事情，现在会变得轻松起来。越是认真负责，得到的就越多。然而，一个人的责任感不是很好培养的，所以我们要从小事、不起眼的事情做起，同时也要负起你认为是大事的责任。

负责是成功的关键，我们要把责任看成自己的义务，看成自己迈向成功的一段阶梯。只要我们尽好自己的义务，努力走完这段阶梯，成功就在你面前。

做问题的终结者

埃尔德·克利弗说，这个世界上有两种人。一种人看见了问题，然后界定和描述这个问题，并且抱怨这个问题，结果自己也成了这个问题的一部分。另一种人观察问题，并立刻开始寻找解决问题的办法，结果在解决问题的过程中自己的能力得到了锻炼、品质得到了提升。

一对年轻夫妇顶着瓢泼大雨来见智者。原来这对夫妇家的房子早就漏水了，如今被雨水猛烈冲击，家里的许多东西都被淹了。

这对夫妇不断争吵，互相埋怨。他们来找智者的目的，就是让智者来评一评到底是谁使家中遭受如此严重的灾难，关于这个问题他们已经吵了一整天。

智者对他们说："如果你们不是互相埋怨，而是齐心协力地及早解决问题，如果你们把争吵的时间和精力用在修补房子上，那你们今天就可以在房间里享受家庭的温馨了。"

你愿意成为问题的一部分，还是成为解决问题的人，这个选择决定了你是一个推动公司发展的关键员工，还是一个拖公司后腿的问题员工。因为公司不仅需要善于发现问题的员工，更需要能够在工作中主动找方法，将问题妥善解决的员工。因此，当你面对工作中的问题时，应当主动思考解决方案，在向上级提问题时，一定也要把解决方案拿出来，做问题的终结者。

试想，如果你是一名管理者，下属带着问题来找你，你希望他怎样做？是不负责地把问题推给你，对你说"这个问题很麻烦，需要解决"，还是带来几个方案，并能指出各个方案的利弊，请你选择？很显然，没有人会喜欢第一类的下属。一位人力资源主管说过："公司聘请你来，是让你解决问题，做出业绩的，而不是听你关于问题长篇累牍的分析的。"

因此，当你的工作出现问题时，你首先要想到如何去解决，而不是简单地把问题推给上级。与上级商量或汇报工作时，必须把问题想一遍，考虑过可能解决的办法，最好有了自己的选择，这样的工作态度才能令上级满意，才算真正地懂得了方法。

1861 年，当美国内战开始时，林肯总统还没有为联邦军队找到一名合适的总指挥官。

林肯先后任用了 4 名总指挥官，而他们没有一个人能"100%执行总统的命令"——向敌人进攻，打败他们。最后，任务被格兰特完成。

从一名西点军校的毕业生，到一名总指挥官，格兰特升迁的速率几乎是直线的。在战争中，那些能圆满完成任务的人最终会被发现、被任命、被委以重任，因为战场是检验一个士兵、一个将军到底能不能出色完成任务的最佳场所。

在格兰特将军担任联邦军队总指挥官期间，纽约方面派了一个牧师代表团到白宫求见林肯，要求撤换格兰特。林肯耐心地听他们讲了一个小时。然后林肯说："诸位还有话要说吗？"代表们说："没有了。"于是林肯问道："诸位先生，你们讲得很好，我想请你们告诉我，格兰特将军喝的酒是什么牌子的？"大家回答说："不知道。"林肯说："这太令人遗憾了。如果你们能告诉我是什么牌子，我将派人购买该牌子的酒 10 吨，送给那些没有打过胜仗的将军们，好让他们也像格兰特一样打几场胜仗！"

为什么林肯总统这么器重格兰特？因为在当时的局势下，联邦军队大部分的将领一直在打败仗，他们甚至差点被南方军队打到华盛顿。他们中间没有一个人敢于主动进攻，更没有一个人能像格兰特那样：当他还是上校时，他就开始打胜仗；当他升为陆军准将时，他还是在打胜仗；当他升为少将时，他仍然在打胜仗。他打的胜仗越来越多，规模也越来越大。他总是能利用手中的有限的军队、有限的武器，创造战场上的最大胜利。

在后来格兰特升为联邦军队的总指挥后，他更创造了战争史上一个又一个的奇迹。格兰特因为创造了无数影响后人的经典战役，他本人也被称为"战场上的想象大师"。林肯总统是格兰特最有力的支持者。而格兰特以他非凡的执行力赢得了林肯的信任。林肯在后来的评价中也曾说道："格兰特将军是我遇见的一个最善于完成任务的人。"

在林肯心中，格兰特将军是一个善于找方法，克服困难的人，而不是一个只会找借口，提困难的下属。

工作中难免会出现种种问题，这就和日出日落一样是很自然的现象。面对问题，我们每个人都要让自己成为解决问题的人，而不是让自己成为问题的一部分，用自己的行动和智慧推动公司的发展。做问题的终结者，我们才能赢得更大的成功。

行动需要带上责任

路途虽然很近，但不走就不会到达；事情虽然很小，但不带上责任去做就不会成功。这个看似人尽皆知的道理，在许多人身上却未能引起足够的重视。他们常常把失败归于外部因素，而不从自身找原因。其中很重要的一条就是：这些人的思维只停留在幻想上，面对那些看不见、摸不着的东西总是心动不已，总以为光凭自己的意愿就能实现人生理想，就能过上自己想要的生活。归根结底，他们之所以没有成功，就是因为他们不曾采取行动。

对于责任，爱默生有过这样的阐述："责任具有至高无上的价值，它是一种伟大的品格，在所有价值中它处于最高的位置。"

责任，从本质上说，是一种与生俱来的使命，它伴随着每一个生命的始终。责任无处不在，我们的家庭需要责任，因为责任让家庭充满爱；我们的社会需要责任，因为责任能够让社会平安、稳健地发展；我们的团队和企业需要责任，因为责任让企业和团队更有凝聚力、战斗力和竞争力。

洛克菲勒标准石油公司在人事培训上，非常重视"责任"这一课题。在公司的培训课上，有一个叫"责任者"的游戏。游戏规则是两个人一组，两个人相距1米远的距离。整个游戏必须在黑暗中进行，一个人背对另一个人仰面倒下去，另一个人站在原地不动，只是用手接着对方的肩膀，并说："放心吧，我是责任者。"接人者要确保能扶住倒下者。游戏的寓意是让每个人都意识到承担责任的重要性，让每个人都做一个责任者。

那么，责任到底是什么？在这个世界上，每一个人都扮演着不同的角色，每一种角色又都承担着不同的责任，从某种程度上来说，对角色饰演的最大成功就是对责任的完成。正是责任，让我们在困难时能够坚持，让我们在成功时保持冷静，让我们在绝望时懂得不放弃，因为我们的努力和坚持不仅仅是为了自己，还为了别人。

佳思里亚河岸有一棵高高的合欢树，每当太阳落山时，就有几百只鸟儿飞来，栖息在树上。有一天早晨，一个捕鸟人从那里经过，他把大米撒在地上，张上大网，然后到树丛里躲藏起来。

这时，一只叫艾特尔的鸽子王领着20几只鸽子飞来了。鸽王看见地上有许多雪白的大米粒，想道：在这人迹罕至的树林里怎么会有这么多的大米呢？这里面一定有蹊跷。

它对同伴们说："大家不要去贪吃这些大米，贪心是会上当的。"但是有一只鸽子不听鸽王的话，它说："永远不应该有疑心，疑心重的人常常吃亏。"听了它的话以后，其他的鸽子都和它一起飞到网下去啄食大米。有人曾经说过："聪明人有时也会因为贪心而吃亏。"的确，鸽子们由于听信了那只贪心鸽子的话，结果都落入网中。

等到大家发现自己已经无路可逃时，只好你看着我，我看着你，唉声叹气，等待捕捉。鸽王知道大家都害怕了，便鼓励大伙儿说："团结和组织就是力量，只要我们一致行动，就能对付任何强大的力量。大家不要发愁，咱们一齐往上飞，就能把这张网抬起来，带走。"

大家听了它的话，便一齐使劲，果然把网抬上了天空。捕鸟人见此情景，只好站在地上干瞪眼。它们把网抬到了很远很远的地方以后，一只鸽子说："我们怎么能从这张网里逃出去呢？"

鸽王说："别慌，我有一个老鼠朋友，名叫勃格，我们先去找它，它能用尖利的牙咬断这网，那时我们就自由了。"鸽子们听从了鸽王的意见，抬着网飞到老鼠勃格住的地方。

老鼠勃格看到一群鸽子抬着一张网飞来，感到十分奇怪，吓得赶快钻进地洞里躲起来。鸽王在外面喊道："喂，朋友勃格，你是不是生我们的气了？怎么不出门来迎接我们？"

老鼠听到朋友的喊声，连忙从洞里跑出来说："我今天真是高兴极了，能见到朋友，同朋友在一起玩耍、聊天，是我最大的幸福。"

老鼠一见鸽王和其他鸽子都陷在网里，心里很是难过，说："艾特尔朋友，你这是怎么搞的。"鸽王说："这是我的愚蠢和贪心造成的结果。"听了鸽王的叙述，老鼠就咬断网绳，解救鸽王。鸽王说："朋友，在我的伙伴没有脱网以前，你不应该先救我，因为作为一个保护人，如果我没能让大家先脱险，那我就是一个极大的罪人。"

老鼠勃格说："常言道：'先顾自己是上策，留得青山在，不怕没柴烧。'你应该先救自己，然后再考虑救不救其他鸽子。"

鸽王说："朋友啊，你应该知道，身体总有一天会毁灭的，可一个人的责任是永存的。我自己的生命是微不足道的，我想先救出我的伙伴。"勃格听了朋友的话非常感动，便咬碎了网，使鸽子们都得到了自由。鸽王谢过他的朋友，带领着伙伴们，飞上了蓝天，回家去了。

责任能够让一个人具有最佳的精神状态，积极投入生活与工作中，并将自己的潜能发挥到极致。有责任心的人，必定是敬业、热忱、主动自发的人。在责任的内在驱使下，我们常会生出一种崇高的归属感和使命感。当我们把人生当成一项伟大的事业，用全部热情去实践的时候，生命更容易激发出绚丽的色彩，成功也变得触手可及。

成功的力量就潜藏在我们的身体内，寻求外界的帮助是徒劳无益的。在充满挫折的人生道路上，我们只有勇担负责、面对现实、凝聚力量，未来才会更加灿烂光明。

一个再有能力的人如果没有责任感也不会很认真地做好一件事情，因为这样的人很容易给自己找借口不去做事情，或者做事情的时候推三推四，这样，还有谁敢把重任交给他呢？责任是一种与生俱来的使命，从来到这个世界到离开这个世界，我们每时每刻都要履行自己的责任。

成功来自责任感的驱使

安德鲁·卡耐基是一个不甘示弱、自认为是世界第一富豪的人，可就是这个自大的人来拜访洛克菲勒，并向洛克菲勒讨教了一个非常严肃的问题。

有一天，卡耐基先生不期而至，或许是洛克菲勒友善的态度，以及他们之间轻松的谈话气氛，融化了卡耐基先生钢铁般的自尊，他放下架子问了洛克菲勒一个问题：

"我知道，你领导着一群很能干的人。不过，我不认为他们的才干无可匹敌，但令我疑惑的是，他们似乎无坚不摧，总能轻松击败你们的竞争对手。我想知道，你究竟施了什么魔法，能让他们拥有那种精神，难道是金钱的力量？"

看着卡耐基先生谦逊的神态，洛克菲勒无法拒绝，告诉他，如果我们想要永久持续生存下去，那么就意味着，不管出于任何理由，我们领导者都要断然拒绝去责难任何一个人或任何一件事。责难就如同一片沼泽，一旦失足跌落进去，你便失去了立足点和前进的方向，你会变得动弹不得，陷入憎恨和挫折的困境之中。这样的结果只有一个：失去部属的尊重与支持。一旦落到这步田地，那你就好比一个将王冠拱手让人的国王，从此失去了主宰一切的权利。

责任是所有一切的基础，责任是对使命的忠诚和信守，它是一个人的高贵品质。作为社会中的一分子，责任就是立身之本，就是一个人求生存谋发展的重要品格，责任是催化剂、是成功必不可缺的推动力。

一个人可以清贫，可以不伟大，但不可以没有责任感。责任心的驱使，能使我们将自己的能力充分发挥。强烈的责任心，也将使我们的工作变成一种乐趣，正如俗语所说的"假如你热爱工作，那你的生活就是天堂，假如你讨厌工作，那你的生活就是地狱"。

所有人做的工作，都有自己所要负的责任。成功者具有强烈的责任感。一个没有责任感的人，即使是天才也成就不了事业。负责更多的不是体现一个人的学识、水平和能力，而是体现一个人的品格，体现一个人的价值观和思想境界。负责是一个人成功的关键所在。

在标准石油公司里，经理吩咐亨利、杰克、戴维去做同一件事情：去供货商那里调查一下石油的价格和品质。其实这件事，也是考验他们谁能胜任副经理的职位。

亨利只用了 10 分钟就回来了，他并没有亲自去调查，而是向下属打听了一下供货商的情况就回来汇报了。30 分钟后，戴维也回来汇报，他亲自到供应商那里了解了石油的数量和品质。

杰克 120 分钟后才回来汇报，原来他不但亲自到供货商那里了解了石油的数量和品质，而且根据公司的采购要求，将供货商那里最有价值的信息做了详细的记录，并且和供应商的销售经理取得了联系。

在返回的途中，他还去了另外两家公司了解那里的石油商业信息，将 3 家供货商的情况做了详细的比较，最后还制订出了最佳的购买方案。最后，杰克升职为副经理。

在实际工作中，很多人都会认为自己做得很好很不错，但是你真的尽职尽责了吗？你对老板交代给你的任务负责了吗？一个人平庸不要紧，如果这个人掌握成功的关键——负责，对自己的工作负责，对团队负责，对自己负责，对老板负责，那么将来在事业上一定会有所成就。

对于自己，你别无他物。有人帮你，是你的造化；无人帮你，是别人的本分。没有人应该为你做什么，因为生命是你自己的，你要为自己负责。这就是人对自己的责任。

工作中，不少人一旦碰到问题，不是全力以赴地去面对，而是千方百计地找出种种理由或借口搪塞，逃避责任。长此以往，因为有各种各样的借口可找，人就会疏于努力，不再想方设法争取成功，而把大量的时间和精力放在如何寻找一个合适的借口上。

不管老板在与不在，都能主动去做对公司发展有利的事，不找理由，不找借口，一心为了做好工作，把工作当成自己的事业，这才能称得上是真正的负责和敬业。

作为员工，如果只做老板交代的事，没有交代的就敷衍了事，甚至不去做，同事间相互推诿，得过且过，糊弄自己的工作，这样的员工是不可能有大发展的。

只有认真负责，任何时候都冲在第一线，能做的全力去做，做不好的努力去做，主动给自己加压，那么他的职场空间才会是无限宽广的。

第十七章

完善自己，成功就是每天进步一点点

锻造一生的资本

要想成就一番事业，首先必须要有资本，你的资本在哪里？它就在你自己身上，只要肯进取、负责，不断地去做有利于社会的事，你就能成功。

世上很少有年轻时没打好根基，到后来能成就大业的人。那些成功的伟人，他们后来所获得的伟大成就大都是由于他们事先辛勤地播下了良种。

有许多年轻人，常常急于求成。其实我们对任何事，都不应抱有奢望，而应该通过学习把学问与经验一点点地灌入自己的头脑，作为将来成功的资本。须知今日社会所需要的，都是受过良好教育、博学多才的人。

也许你的经济状况不允许你去专门的学校学习，甚至你还背负着一份沉重的负担，可是你仍然可以抽出一些时间强迫自己学习。如果你每天都能抽出一个小时来专攻一门学科，将来所获得的成就必大为可观。

在任何地方，如果你看见一个青年人，时时都充实自己的学识与经验，从不浪费时间，凡是与他事业有关的信息，也无时不在注意，做事敏捷、有头有尾——这样的人，就可以说是具备了成功的资本了。

许多身强体健的年轻人都受过教育，处理事情也有一些经验，照理说似乎都可以做出一番事业来，可是他们仍旧过着平庸的生活。为什么会这样？原因就在于他们没能真正掌握学习能力这一资本。事实上，学习能力是一种可以让你终身受益的资本。

要想通过学习积累起一生的资本，你可以从知识与经验两方面着手。

1. 知识积累与技能培养

知识分两种：其一为一般性知识，其二为专业知识。无论你拥有的一般性知识数量如何多，种类如何繁多，对于成功用处都不大。大学里的教授集各式的一般性知识于一身，但许多教授却没有太大的成就，因为他们只精于传授知识，并不擅长使用知识、组织知识。

知识不足以引导你走向成功，除非加以组织，并以实际的行动计划精心引导，才能达成你追求的目标。许多人都明白"知识就是力量"，但却忘了这样一点：知识只有经过组织，变成确切的行动计划，才能导向确切的目标，才能成为真正的力量。

很多人都有这样一种误解，就是以为"亨利·福特'上学'不多，所以不是受过'教育'的人"。其实他们并不了解"教育"一词的真正含义。"教育"一词的拉丁字源，意思是由自己去开拓延展、推理演绎。受过教育的人是指已经发展自己的心智能力至相当程度，可以得其所愿，不会侵犯他人权利的人。受过教育的人不见得要具备丰富的一般性知识。

发明家爱迪生一辈子只在学校待过 3 个月，但他并不缺乏知识，也没有潦倒一生。亨利·福特小学都没有毕业，在财务上却游刃有余，乃至白手起家。受过教育的任何人都知道，在需要知识时，哪里可取得知识，并且知道，要如何把知识组织为确切的行动方案。亨利·福特可以借着"智囊团"之助，随时获取所需的一般性知识，而他自己未必需要具备这种知识。

除了有专业知识外，我们还需要掌握一定的职业技能。一些职业学校、商业学校可以帮助人们得到很好的训练。我们应充分运用学习能力学习这些职业技能。唯有这样才能过上快乐、幸福的生活而不致处在贫穷愁苦之中。

2. 学以致用，善读"无字之书"

"读万卷书，行万里路"，是说人要有较多的学识和丰富的经验，也是要人们能将理论与实际联系起来，学以致用，善于利用知识处理各种情况。丰富的经验也是成大事者不可或缺的资本，特别是年轻人，由于涉世未深，他们的经验一般较少，这就要求他们不但要注意书本知识的积累，也要注重现实生活中的知识积累。

时代的发展促使人们打破了往日对知识的理解。人们已认识到，知识并不等于能力。培根的"知识就是力量"口号提出以后，又明确地指出："各种学问并不把它们本身的用途教给我们，如何应用这些学问乃是学问以外的、学问以上的一种智慧。"也就是说，有了同等知识，并不等于有了与之同等的能力，掌握知识与运用知识之间还有一个转化过程，也就是学以致用的过程。

如果有知识不知应用，那么拥有的知识就只是死的知识。死的知识不但没有一点益处，有时还可能有害。因此，在学习知识时，不但要让自己的头脑成为知识的仓库，还要让它成为知识的熔炉，把所学知识在熔炉中消化、吸收。

结合所学的知识，参与学以致用的活动，提高自己运用知识的能力，使学习过程转变为提高能力、增长见识、创造价值的过程。要想正确地做到学以致用，应加强知识的学习和能力的培养，并把两者的关系调整到最佳位置，使知识与能力能够相得益彰，相互促进，发挥出前所未有的潜力和作用。

要想做到学以致用，不仅应苦读与爱好、兴趣、职业有关的"有字之书"，同时还应该领悟生活中的"无字之书"。阅读"有字之书"可以学习前人积累的知识、前人学以致用的经验，并从中借鉴，避免走弯路；读"无字之书"可以了解现实，认识世界，并从"创造历史"的人那里学到书本上没有的知识。

3. 学会在逆境中读书

任何成功的人在成功之前，没有不遭遇过失败的。爱迪生在历经一万多次失败后才发明了灯泡，而沙克也是在试用了无数介质之后，才培育出小儿麻痹疫苗。挫折使你发现思想的特质。如果你真能了解这句话，它就能调整你对逆境的反应，并且能使你继续为目标努力。挫折绝对不等于失败，除非你自己这么认为。

爱默生说过："我们的力量来自我们的软弱，直到我们被戳、被刺，甚至被伤害到疼痛的程度时，才会唤醒隐藏着神秘力量的愤怒。伟大的人物总是愿意被当成小人物看待，当他不是坐在占有优势的椅子上昏昏睡去时，而是被摇醒、被折磨、被击败时，便有机会可以学习一些东西了。此时他必须运用自己的智慧，发挥他的刚毅精神，才会了解事实真相，从他的无知中学习经验，治疗好他的自负。最后，他会调整自己并且学到真正的技巧。"

然而，挫折并不保证你走向成功，它只是提供成功的种子，你必须找出这颗种子，并且以明确的目标给它养分并培育它，否则，它不可能开花结果。上帝永远不欣赏那些企图不劳而获的人。你应该感谢你所处的不利环境，因为如果你没有和它作战的经验，就不可能真正了解它。

约翰经营一座农场，当他因为中风而瘫痪时，就是靠这座农场维持生活的。由于他的亲戚们都确信他已经没有希望了，所以他们就把他搬到床上，并让他一直躺在那里。虽然约翰的身体不能动，但是他还是不时地在动脑筋。忽然间，一个念头闪过他的脑海，而这个念头注定了要弥补他不幸的缺憾。他把他的亲戚全都召集过来，并要他们在他的农场里种植谷物。这些谷物将被用作一群猪的饲料，而这群猪将会被屠宰，并且用来制作香肠。几年后，约翰的香肠已被陈列在全国各商店出售，结果约翰和他的亲戚们都成了富翁。

当你遇到挫折时，切勿浪费时间去计算你遭受了多少损失，相反的，你应该算算看，你从挫折中可以得到多少收获和资产。你将会发现你所得到的，会比你所失去的多得多。

书籍是人类的精神食粮

精神食粮随处可得，书籍就是很好的一种。

书籍对人的指引作用毋庸置疑。由伟大的心灵撞击而写成的书籍，没有一本不是洗涤并充实我们心灵的食粮，它们早已为后人指明了方向，而我们可以任意挑选其中我们想要的。伟大的书籍就是伟大的智慧树，是伟大的心灵之树，我们将在其中得以被重塑。

1. 成功需要好书指引

一本优秀的书籍就是一个好的老师，多读好书，吸取丰富的精神营养，提高自己的知识和文化素养，对于自己的性格是一种很好的陶冶。

许多生活实例告诉我们，丰富的知识文明能够极大地丰富一个人的内心世界。野蛮的人有了文化素养，可以变得文明；缺乏教养的人有了丰富的知识，可以逐步变得有教养；骄傲的人，多学一些知识，就能看到知识的无穷，从而变得谦虚起来；自卑感强烈的人，有了丰富的知识，也会看到自身的力量，从而增强自信。

丰富的知识不仅能使人变得更加文明，还能使人成熟老练，多谋善断。将领的智勇双全，都与他们的博才广学有关；而鲁莽家的蛮干，无不与孤陋寡闻相关。

2. 读书需要选择

试想，一个经常在阅读沉思中与哲人文豪倾心对话的人，与一个只喜爱读凶杀言情故事和明星花边轶闻的人，他们的精神空间是多么不同，他们显然生活在两个不同的世界中。

在茫茫书海中，我们要力求上乘之作、经典之作，要多读名著，多读"大书"。所谓经典名著、"大书"，需要经过时间的沉淀和筛选。一些社会学家曾做过统计，其结论是：至少要横穿 20 年的阅读检验而未曾沉没，这样的著作方有资格被称为经典、名著。

美国学者、《大英百科全书》董事会主席莫蒂然·J. 阿德勒认为：所谓名著，必须具备 6 条标准。

（1）读者众多。名著，不是一两年的畅销书，而是经久不衰的畅销书。

（2）通俗易懂。名著，面向大众而不是面向专家教授。

（3）永远不会落后于时代。名著，绝不会因政治风云的改变而失去其价值。

（4）隽永耐读。

（5）最有影响力。名著最有启发教益，含有独特见解，是言前人所未言，道古人所未道。

（6）探讨的是人生长期未解决的问题，在某个领域里有突破性意义的进展。

3. 读书需要方法

SQ3R 是我们应重点掌握的一种阅读方法。SQ3R 是英文 Survey（纵览）、

Question（提问）、Read（精读）、Recite（复述）、Review（复习）的词头缩写，相应的步骤有 5 个。

（1）纵览——拿起一本书后，先浏览一遍，了解全书内容，可以试着读一下作者的序言，研究一下书的目录和索引，看一看各章的介绍。这时，学习者要记得自己的学习目的，如果发现这本书与目的不符，或文笔不好，或难度太大，则要马上停止。

（2）提问——快速地浏览全书，并不断地给自己提出问题，思考书中提出的那些观点。在一些文笔好的书中，作者往往用一些明确的问题作为下面内容的"引子"，或者让你在读书时始终面临一些问题的情景。凡有头脑的人不会只是一味地"读书"的，如果你能坚持带着问题去读，很快就会养成用批判的眼光读书的习惯。

（3）精读——从头到尾一字不漏地读全书，对不理解的部分可反复阅读。阅读时，要记住各部分的主题和重点。读的过程中还要经常翻到前面的内容，以便回忆起某些事实。

（4）复述——读书不是要对字句死记硬背，而是要牢固地掌握文章的基本要点。复述时，要把书放在一边，努力去想读过的内容。复述本身并无价值，但是你如能借此积极主动地阅读，那么每次复述都会加深对材料的理解。

（5）复习——一般在上一阶段结束一两天后进行，三四天后再进行一次。我们都有这样的经历：学过的许多细节在记忆中消失得非常快，常常大约在一小时之后就都忘记了。为了防止过早发生遗忘的情况，你就要尽早地进行温习。

一般来说，SQ3R 法适用于精读。为了更好地体会这 5 个步骤，你可以挑选几部值得精读的书，仔细地、一步一个脚印地试几次，直到这种学习成为你的自觉行为。

4.用心理学书籍改造个性

我们每一个人都有自己不完善的地方，都有某些性格缺陷，都有不适当的心理反应，要想使自己很好地应对生活中可能碰到的任何情况，就必须学会控制自己的心理，就要改造自己的个性。运动员通过心理训练，可以使自己更适应重大比赛而发挥出最高的水平，这已为人们所了解。心理训练对每个人都会有用，这一点却是大多数人尚未发觉的。

当你对自己的毛病比如说怯场无可奈何的时候，你可能会感慨说："真是江山易改，本性难移啊！"当你面对自己想改而又难改的习惯，比如说抽烟的时候，你也许只好用"习惯成自然"为自己开脱。你也许从来也没想过，本性与习惯是可以改造的。现代心理学书籍会告诉你，所有这些都是可以改造的，或者说得更"玄"一些，人的个性是可以重新塑造的。

现代心理学认为人体内有一个不断追求目标的自动机器，而指引这个机器的是人的自我意象。所谓个性的改造，就是通过对自我意象和目标的改造来实现的。通过心理学知识的指引，你就会认识到这一点，你就会知道自己的力量该用在哪里、该怎样用，而不致白费劲。

现在社会已经为我们提供了更多浏览心理学书籍的可能。在生命锻造的过程中，我们应该充分运用现代心理学的研究成果，自觉地多浏览多学习一些心理学书籍，掌握一些心理学知识，正确了解自己心理发展的特点，了解自身心理和个性的正常和异常状态，并正确运用现代心理学的思想和方法，有针对性地改造自己的个性，追求成功、愉快的人生。

改变就在今天

很多人都有这样的习惯，他一边后悔着昨天的虚度，一边下定决心，从明天开始做出改变，而今天就在这后悔和决心之余被他轻易放过。其实，很多人都不知道，你所能拥有的只有实实在在的今天。只有好好把握今天，明天才会更美好，更光明。

1871年春天，一个年轻人拿起了一本书，看到了一句对他前途有莫大影响的话。他是蒙特瑞综合医科的一名学生，平日对生活充满了忧虑，担心通不过期末考试，担心该做些什么事情，怎样才能开业，怎样才能过活。

这位年轻的医科学生看见的那一句话，使他成为当代最有名的医学家，他创建了全世界知名的约翰·霍普金斯学院，成为牛津大学医学院的教授——这是学医的人所能得到的最高荣誉。他还被英国国王册封为爵士，他的名字叫作威廉·奥斯勒爵士。

下面就是他所看到的——托马斯·卡莱里所写的一句话，帮他度过了无忧无虑的一生："最重要的就是不要去看远方模糊的事，而要做手边清楚的事。"

40年后，威廉·奥斯勒爵士在耶鲁大学发表了演讲，他对那些学生们说，人们传言说他拥有"特殊的头脑"，但其实不然，他周围的一些好朋友都知道，他的脑筋其实是"最普通不过了"。那么他成功的秘诀是什么呢？

他认为这无非是因为他活在所谓"一个完全独立的今天里"。在他到耶鲁演讲的前一个月，他曾乘坐一艘很大的海轮横渡大西洋。一天，他看见船长站在舵房里，揿下一个按钮，发出一阵机械运转的声音，船的几个部分就立刻彼此隔绝开来——隔成几个完全防水的隔舱。

"你们每一个人，"奥斯勒爵士说，"都要比那条大海轮精美得多，所要走的航程也要远得多，我要奉劝各位的是，你们也要学船长的样子控制一切，活在一个完全独立的今天，这才是航程中确保安全的最好方法。

269

你有的是今天，断开过去，把已经过去的埋葬掉。断开那些会把傻子引上死亡之路的昨天，把明日紧紧地关在门外。未来就在今天，没有明天这个东西。精力的浪费、精神的苦闷，都会紧紧跟着一个为未来担忧的人。养成一个生活好习惯，那就是生活在一个完全独立的今天里。"

奥斯勒博士接着说道："为明日准备的最好办法，就是要集中你所有的智慧、所有的热忱，把今天的工作做得尽善尽美，这就是你能应对未来的唯一方法。"

奥斯勒博士的话值得我们每个人珍视。其实，人生的一切成就都是由你"今天"的成就累积起来的，老想着昨天和明天，你的"今天"就永远没有成果，到老的日子，你的"昨天"也就会一事无成。珍惜今天就意味着改变从今天开始、从眼前开始、从此刻开始。只有每天使自己进步一点点，每天都能超越昨天的自己，我们的事业才能不断向前、向上。

科恩是位精力充沛、在家忙碌的妻子和母亲。18年来，她每天都要安慰和支持她的家人，她有个需要特殊照料的患脑积水的儿子。等孩子们长大后，科恩越发不安，她渴望做名计算机检修工。

她走出家门，在富有挑战性、由男人所统治的领域工作，引发了科恩无限忧虑。她的女性朋友分担了她的忧虑。在她们的鼓励下，科恩开始慢慢地克服忧虑，接着就开始积累成功所需的经验。当然她经历了挫折，但她没有灰心，一次又一次地越过挫折并坚持下来。最后，科恩开始认同并相信她做女商人的能力。

现在，科恩拥有成功的事业。她的成功是一点一滴积累而成的，例如参加成人教育班、自愿担任计算机初学者的培训员、组织收费低廉的小型讨论会等。她的最大成功就是超越了忧虑，超越了自我，并集中每次取得的小小成功，才取得了最后的胜利。

我们每个人都要对自己有信心，并竭尽所能地工作——这是成功改变不利现状的根本。只要说服自己做得到，不论多么艰巨的任务，你必能完成。反过来说，如果想象自己做不到，就是最简单的事，对你来说也是座无力攀登的险峰。无法每天超越自己的人，通常成不了大事。每天超越自己，哪怕仅仅超越一点点，你就能每天都有进步，你就能越来越接近成功。

虚心用知识打造自己

　　"知识是产生杰作的基础，也是力量的源泉"，人们要成功，就必须有足够的知识作为基础和前提。人类知识总量在急剧增加，新知识层出不穷，知识体系日益庞杂。与此相矛盾的却是人的时间和精力的有限，一个人一生中所能掌握的知识也非常有限。因此，人们要成功，不仅取决于掌握知识的多寡，而且取决于知识的结构是否合理。

　　成功的人一般都具有较合理的知识结构，具有一定的知识基础，既博又专，既有扎实的专门知识，又有广阔的视野，从而为其成功奠定了坚实的知识基础。

　　知识结构是人类知识在个人头脑中的内化状态，包括一个人占有知识的多少，各种知识之间的比例、相互关系、相互作用以及由此而形成的整体功能。知识结构因人才类型的不同而呈现出特殊性。大部分成功人士的知识结构都可归入以下三大类。

　　第一种是金字塔形知识结构。这是一种传统的知识结构。在此结构中，第一层次是一般基础知识。包括数学知识、物理知识、化学知识、语文知识、历史知识、地理知识、外语知识、哲学知识、政治常识、经济常识、法律常识、体育常识等。它决定着一个人的基本知识素养。它是与专业有着千丝万缕联系的科学文化知识。这一层次的知识越宽广、越扎实，就越能启迪思维、开阔思路、利于个人事业的发展。

第二层次是专业基础知识，它是与专业直接相关的知识。以物理专业人才为例，它包括力学、热学、电磁学、光学、普通物理实验、复变函数、电子学基础、电子学实验、计算机应用等，它是专业知识的基础和延伸。这些基础打得越深厚，就越能把自己造就成为专业型人才。

第三层次是专业知识。这个层次的知识越丰富，就越有可能做出成就。它是从事科学研究的资本。例如，物理专业包括原子物理学、理论力学、热力学与统计物理、电动力学、量子力学、近代物理实验、固体物理学、原子核物理学等本专业学科的概念体系、理论体系、研究工具和基本资料。

第四层次是主要专业知识。例如物理学专业中的原子核物理包括原子核物理的历史发展、现实状况、发展前景等。它是专业知识中某一方面的科学知识，是从事科学研究的决定性条件，这个层次越精深，就越能快出成果、多出成果、出大成果。

金字塔形知识结构，易于把宽厚的知识集于一点，从而突破主攻目标，取得卓越成效。它侧重于基础知识的宽厚性、专业知识的精深性和主攻目标的明确性。但这种知识结构不太适应那些需要较大开拓性的工作。

第二种是网络形知识结构。主要由 3 个部分构成。

第一部分是以自己的专业知识为网络的"中心"。它主要包括基本管理理论和基本管理科学知识。

第二部分是与专业相近、直接作用于专业的应用理论知识。主要包括社会技术系统、社会合作系统、应用系统理论、群体行为、合理选择、人际关系、管理科学、管理经验总结和分析等，这是管理人才的主要专业知识。

第三部分是与专业相距较远、间接影响专业的基础理论知识。这是管理得以实施的外部环境的有关理论。它包括工业工程理论、政治学理论、一般系统理论、社会学、社会心理学、文艺人类学、决策理论、经济理论、心理学、数学、管理人员的实际管理经验等。

网络型知识结构，侧重于专业理论的核心作用和有关系统知识的相关性，强调发挥专业知识的决定作用和整体知识的协调作用，具备这种知识结构的成功青年能在较大范围内吸取所需的营养，发挥潜在的才干。

第三种是帷幕形知识结构。每个人的工作岗位不同、职责范围不同，所应具备的各种知识的比重也应不同。法国管理专家法约尔认为，对于从工人到总经理这样一些企业人员，所需具备大致可以分为技术、管理、财务、商业、会计、安全6个方面的知识。

但是，知识结构是与时俱进的，而不是一成不变的。每一个时代都有自己的特殊社会需求，这些社会需求决定了社会最需要具有何种知识的人才。如果能把握住这一点，不断调整自己的知识结构，尽量让自己成为一个对社会有用的人，那么成功便会向你招手。

心灵上的自我完善

每个人都在建筑自己的世界，制造自己的气氛。他可用困难、恐惧、怀疑、绝望和忧郁来填充这个世界，使整个生活黯然失色；他也可以驱逐每一个忧郁、嫉妒和邪恶的思想，从而保持气氛的纯洁、清新和甜美。

我们的思维反映了自己的精神形象。对一个人来说，精神形象总是先于现实存在。精神画面被复印到生活里，铭刻在个性中。整个生理机能都在不断地把这些形象、这些精神画面翻印到生活和个性中去。

1. 紧守思想之门

与其让成功和幸福的大敌——混乱的思想、病态的思想、龌龊的思想、嫉妒的思想——进入你的头脑，窃走你的舒心，抢走你的和平与宁静，使你的生活变成一个活的坟墓，还不如让小偷进入你的房子，盗走你最值钱的财宝，抢走你的金钱或财产。

不管你做什么或是不做什么，都不要让龌龊、混乱、病态的思想进入你的头脑。保持头脑的清醒和纯洁意义重大。让你的头脑成为圣殿，让它一尘不染，不要让思想之敌乘隙而入。

混乱、龌龊的情绪一旦生根，就会滋养出更多混乱、龌龊的思想和情绪。当你心怀一两个这样的思想时，它们就会成千倍地繁衍，而且会迅速蔓延。绝不要滋生混乱、错误、龌龊的思想。这些思想无论碰到什么，都会加以破坏，它们留下的只是残破的印迹。它们会钻入一个人的希望、幸福和能力之中，并破坏这些东西。撕下你头脑中所有这些阴暗的画面、所有这些黑色的形象吧！要坚决地抛弃它们，它们只意味着瘫痪和失败，只意味着雄心的丧失和希望的毁灭。

我们必须紧守自己的思想之门，把一切幸福和成功之敌阻在门外。我们的冲动、偏见和自私心理所产生的那些东西，那些居住在我们头脑中的不良思想才是真正的敌人。

我们必须光明磊落、心地纯洁、公正无私、宽厚仁爱，只有这样我们才能真正拥有健康、成功、幸福。身心的完美和谐意味着一种圣洁的精神和高贵的灵魂。

众所周知，很多时候，一阵骤发的"忧郁症"和沮丧的情绪在几个小时内就会令人元气大伤，简直比数周的劳作带来的损耗更厉害。

我们常常能见识到思想的威力：巨大的痛苦和失望或严重的经济损失能在短时间内把一个人变得面目全非。残忍的思想竟让一个人迅即变得白发苍苍。

我们必须学会排除导致这些痛苦的根源。人不应该痛苦，他应该快乐，应该永远幸福、活泼、满足。是错误的思想习惯导致了人类的堕落。

2. 驱除思想敌人

要消灭思想敌人就须要持之以恒、行之有效地努力。如果没有精力和决心，我们就会一事无成。如果不精神抖擞地阻止这些思想敌人，把它们驱逐出人的意识，锁在头脑的门外，我们怎么能保持心境的平和与快乐呢？

把我们生活中的敌人、我们不喜欢的人、伤害和诽谤我们的人关在门外似乎并不困难，但为什么我们不能把思想的敌人挡在大脑的门外呢？

如果我们赤脚走在乡间，我们会学着避开伤脚的尖石头和荆棘，同样，也要学会避开伤害我们并会在我们的心灵上留下疤痕的思想。要做到这一点并不难。只需要把思想之敌挡在头脑之外，把思想之友迎接进来就行了。

有些思想送来溢满人心的希望和快乐、振奋和喜悦。另外一些思想却会限制、压抑所有的希望和快乐的满足感。

只要我们保有坚强、活跃、机智和富有创造力的思想，我们就会幸福快乐、健康长寿！

当心灵贯注于和谐的时候，当心灵之镜照见美丽的时候，当身心洋溢着幸福快乐的时候，悲伤就会烟消云散。

如果你坚持把这些思想敌人——恐惧思想、焦虑思想、病态思想——挡在头脑的门外，它们就会永远离开你。面对思想上的敌人，正确的做法是关上你的心灵之门，不要让它们进入。

不要让混乱的思想滋生，抛弃它们，忘掉它们。如果你遇到了不幸的事情，不要说："那是我的命，我总是这么倒霉。我就知道会这样，总是这样。"不要自怨自艾，那是个危险的习惯。要学会保持心境的平和，学会忘却不幸的经历，学会忘却悲伤屈辱和痛苦的记忆，要做到这几点并不困难。

只要你能除去各种私心杂念，弃绝痛苦悲伤，你就能体验到平静、舒适和幸福。

不要去管自己的错误和缺点，不管它们多么令人痛苦，要驱逐它们，忘掉它们，决心远离它们。

当然，这不是仅凭一个愿望就能做得到的，还要靠一个人逐渐清除掉思想敌人的决心、毅力和警惕性。不去想痛苦、不幸和残酷经历的最好办法，就是用明朗、欢快、生动的思想填满你的头脑。

3. 拥抱仁爱乐观

思想也和其他事物一样，会吸引与它相似的东西。头脑中占主导地位的思想会把相逆的那一部分驱赶出去，乐观情绪会驱逐悲观情绪，快乐会驱逐忧伤，希望会驱逐失望。让爱的阳光洒满心田，所有的憎恨与嫉妒就会逃遁无踪。

坚持让心灵中充满好的思想，溢满慷慨、宽厚和仁爱的思想，溢满真理的思想、健康的思想、和谐的思想——于是所有混乱的思想都将消失。两种对立的思想不可能会同时存在于同一个头脑中。

我们对不同思想和建议的影响都缺乏甄别能力。我们知道，一个快乐、乐观、令人鼓舞的想法会让人激动不已，它能使人精力充沛，与过去判若两人。我们的指尖能感觉到它带来的刺痛感。它像一股快乐幸福的电流，迅速渗透全身；它带来新的勇气、新的希望和一张新的生命契约。

一个能保持正确思想的人会用希望代替绝望，用勇气代替胆怯，用坚定果敢代替踌躇犹豫。善于用乐观的思想填充心灵的人，会把思想之敌拒之门外：比起那些成为思想之敌牺牲品的人，他要优秀得多；比起那些不能控制自己情绪的人，他做起事往往事半功倍。

我们生活的质量主要取决于我们心境的和谐程度，取决于我们是否能杜绝思想之敌，因为思想之敌扼杀人的积极性，具有破坏作用。

　　如果我们能保持思想的完整性，保护它不受邪恶念头的侵害，我们就已经解决了科学生活的问题。一个训练有素的头脑在任何情况下总是能提供和谐的音符。那么所有的混乱都会烟消云散。当头脑处于富有创造力的状态时，所有负面与消极的东西——阴影和混乱——都会逃逸。黑暗在阳光下无处藏匿，混乱与和谐不能同在。如果你总是想着和谐，混乱就无法进入头脑；如果你坚持真理，谬误就会远离。